SONNE, MOND und BALTHASAR

Hans Ilmberger, geboren am 9. Mai 1948 in Steinhöring / Bayern, studierte Anglistik und Romanistik in Hamburg und promovierte 1984. Er unterrichtete an einem Gymnasium in Ahrensburg, Schleswig-Holstein, und leitete das Kopernikus Gymnasium in Bargteheide von 1996 bis 2010.

Man schrieb das Jahr 1484. Damals dachten die meisten Menschen, dass sich die Sonne um die Erde drehte. Und die Erde? Na ja, die Erde war noch flach wie eine Flunder.

Nikolaus Kopernikus war damals 11 Jahre alt und ging in Thorn zur Schule. In seinem Elternhaus hatte man für ihn unter dem Dach eine Kammer eingerichtet. Das hatte sich Nikolaus gewünscht. Er verbrachte dort jede Nacht zusammen mit Balthasar, seinem schwarzen Kater. Sie waren unzertrennlich. Niemand konnte verhindern, dass Balthasar auch in der Schule bei Nikolaus blieb.

Das Schönste an seiner Dachkammer war für Nikolaus die Dachluke und die freie Sicht auf den Sternenhimmel über Thorn. In jeder Nacht, egal wie kalt es war, öffnete Nikolaus seine Dachluke und beobachtete die Sterne und den Mond. Nichts interessierte ihn mehr als die Bahnen der Sonne, des Mondes und der Sterne. Er wollte alles über sie wissen, über ihre Größe, ihre Entfernung, ihre Bewegungen. Einfach alles. Das wiederum war zu viel für manche seiner Lehrer.

Hans Ilmberger

SONNE, MOND und BALTHASAR

10 Tage in der Schule mit

NIKOLAUS KOPERNIKUS

FSC
www.fsc.org
MIX
Papier aus verantwortungsvollen Quellen
Paper from responsible sources
FSC® C105338

Bibliografische Information der Deutschen Nationalbibliothek
Die Deutsche Nationalbibliothek verzeichnet diese Publikation in der Deutschen Nationalbibliografie; detaillierte bibliografische Daten sind im Internet über http://dnb.d-nb.de abrufbar.

Satz, Umschlaggestaltung, Herstellung und Verlag:
BoD – Books on Demand
ISBN 978-3-7322-1388-7

Inhalt

Ein Vorwort, das man unbedingt lesen sollte

In diesem Buch geht es um Nikolaus Kopernikus und seine Schule im Jahre 1484. Das ist schon sehr, sehr lange her. Von Christoph Kolumbus hatte man zu jener Zeit noch gar nichts gehört. Der war zu Hause und versuchte Geld für Schiffe aufzutreiben, um nach Westen segeln zu können. Bis nach Indien wollte er kommen. Hat aber nicht geklappt, wie heute jeder weiß.

Nikolaus Kopernikus war damals 11 Jahre alt. Niemand konnte 1484 ahnen, dass er eines Tages weltberühmt sein würde. Mindestens so berühmt wie Kolumbus. Er selbst natürlich auch nicht.

Nikolaus wurde in der Hansestadt Thorn geboren und ging dort zur Schule. So hieß diese Stadt vor über 500 Jahren, heute heißt sie Torun. Die hohen Kirchtürme, die Nikolaus an jedem Morgen in Thorn auf dem Weg zur Schule gesehen hat, sehen die Kinder auch heute noch, wenn sie in Torun zur Schule gehen. Und der Fluss, an dem diese Stadt liegt, die Weichsel, fließt heute natürlich immer noch an gleicher Stelle.

Auf einer Landkarte ist Torun leicht zu finden. Es liegt in Polen. Ungefähr 150 Kilometer südlich der Stadt Danzig, die heute Gdansk heißt. Damals sprachen fast alle Menschen, die in Thorn lebten, deutsch und polnisch. Nikolaus natürlich auch.

In welchem Haus Nikolaus geboren wurde und in welchem er gewohnt hat, weiß heute niemand mehr ganz genau. Wie seine Schule aussah, welche Lehrer dort unterrichteten, auch nicht. Das Schulgebäude existiert nicht mehr, nicht einmal eine Zeichnung. Es gibt auch kein Zeugnis des Schülers Nikolaus Kopernikus oder gar einen Bericht über den Unterricht in seiner Klasse. Einfach nichts. Gar nichts.

Ich bin nach Torun gefahren, um alles zu sehen, was heute noch an Nikolaus Kopernikus erinnert. Natürlich war ich auch in der Johanneskirche, in der Nikolaus 1473 getauft wurde, und gleich nebenan, wo seine Schule stand. Und es dauerte nicht lange, bis ich anfing mir vorzustellen, wie Nikolaus jeden Morgen hierher kam, wie damals der Unterricht aussah, was Nikolaus interessierte, wie die Lehrer unterrichteten. Und je länger ich darüber nachdachte, umso deutlicher sah ich alles vor mir: die Unterrichtsräume, die im Winter unbeheizt waren, die Schüler, die im Unterricht froren, die Lehrer, die es auch damals mit einigen Schülern nicht immer leicht hatten. Heute habe ich das Gefühl, ich kenne sie alle ganz genau, die Schüler und die Lehrer von damals. Ich sehe sie praktisch vor mir. Es ist wie ein Film, den man immer und immer wieder sieht und der allmählich wahr wird. Es ist die Geschichte von Nikolaus Kopernikus und den 13 Schülern seiner Klasse im Winter 1484. Genauer gesagt, vom 19. November bis zum 1. Dezember 1484. Ich selbst habe keinen Zweifel mehr daran, dass sie sich wirklich so abgespielt hat. Zumindest fast genauso.

Unter den 14 Schülern dieser Klasse waren keine Mädchen. Nur Söhne von wohlhabenden und einflussreichen Eltern gingen damals in die Schule. Deshalb gab es in Thorn und anderswo für diese Schüler auch keine Lehrerinnen. Es unterrichteten nur Lehrer. Und diese Lehrer waren oft Mönche und Priester, aber auch andere gebildete Menschen, die an einer Universität studiert und dort eine Prüfung abgelegt hatten.

Sie alle sprachen Latein. Latein war damals die Fremdsprache, die alle Schüler lernen mussten. Natürlich auch Nikolaus Kopernikus. Und nicht Russisch oder Englisch. Damals war Latein für gebildete Menschen viel wichtiger als alle anderen Sprachen zusammen.

Auch in diesem Buch über Nikolaus Kopernikus geht es nicht ganz ohne Latein. Aber keine Angst, es sind nur wenige Wörter. Ich habe sie mit einem Sternchen* gekennzeichnet. Hinten im Buch befindet sich ein Glossar, in dem diese lateinischen Wörter übersetzt und andere Dinge erklärt werden.

Für alle, die Lust haben, gleich jetzt mit dem Lesen zu beginnen: Das Vorwort ist zu Ende. Auf der nächsten Seite ist es 9 Uhr abends, die Nacht ist kalt und sternenklar. Es ist der 19. November 1484.

»Wer viel fragt, bleibt dumm!«

»Puuuu, issst daaas kaaaalt !!!«

Nikolaus stand vor der weit geöffneten Dachluke und schaute auf die Stadt hinunter. Auf die verschneiten Dächer und auf die dunklen Gassen. Die Glocken mehrerer Kirchen hatten gerade neunmal geschlagen. Die einen ein bisschen früher, die anderen ein wenig später. Nikolaus zitterte vor Kälte, obwohl er sich in zwei Decken eingewickelt hatte. Seine braunen Haare fielen ihm bis auf die Schultern.

»So kalt wie heute Nacht war es in diesem Jahr noch nicht. Was meinst du, Balthasar?«

Sein Kater lag eng eingerollt auf Nikolaus' Pritsche und sah fragend und auch etwas vorwurfsvoll zu ihm hoch. Dann steckte er seine Nase wieder in sein dickes Winterfell.

Nikolaus hielt seine beiden Hände vor den Mund, um sie mit seinem Atem etwas aufzuwärmen. In der frostklaren Nacht war die Luft, die er ausatmete, wie weißer Dampf. Das brachte ihn auf eine Idee. Er lehnte sich weit aus der Luke, holte tief Luft und pustete weiße Wolken in den dunklen Himmel. Er fühlte sich wie ein fauchender Drache, der Rauch ausspie. So wie der unbesiegbare Drache in dem Märchen, das seine Mutter ihm früher immer und immer wieder erzählen musste.

Als Nikolaus genug gefaucht hatte, beugte er sich zu Balthasar hinunter und streichelte ihn. Sein Kater schnurrte vor Behagen.

»Schön, dass du bei mir bist«, sagte er leise zu ihm. Er erinnerte sich daran, wie er ihn vor einem Jahr auf dem Marktplatz gerettet hatte. Der Kater war auf der Flucht vor einem Hund aus Versehen in eine Fischtonne gesprungen, die zur Hälfte mit salzigem Wasser gefüllt war. Niemand kümmerte sich um das in Todesangst kreischende Tier. Nikolaus war gerade auf dem Weg nach Hause, als er den Kater hörte. Er war wütend auf die Menschen, die teilnahmslos herumstanden, stieß die Tonne um und fischte den Kater aus der stinkenden Brühe. Natürlich schlug er seine scharfen Krallen in seinen Arm, aber das machte Nikolaus nichts aus. Er beruhigte ihn und nahm ihn mit nach Hause.

Seit diesem Tag wich der Kater nicht mehr von seiner Seite, auch nicht in der Schule. Er nannte ihn Balthasar, denn er war schwarz wie ein Mohr. Nur seine Schwanzspitze war weiß. Und schöne dunkelgrüne Augen hatte er auch.

Nikolaus richtete sich wieder auf und ging zur Dachluke. Am schwarzblauen Himmel funkelten und glitzerten die Sterne. Er beugte sich nach links, um sein Lieblingssternbild besser sehen zu können, den Orion. Er stand groß und majestätisch am Winterhimmel, mit den zwei Schulter- und den beiden Fußsternen und den schräg sitzenden Gürtelsternen.

Vor ihm schimmerte es jetzt deutlich heller, dort, wo der Mond bald zu sehen sein würde. Nun konnte es nicht mehr lange dauern.

»Du, Balthasar, ich hatte Recht. Heute wird der Mond direkt hinter der Johanneskirche aufgehen. Schau mal, auf der anderen Seite der Weichsel leuchtet der Himmel schon richtig bernsteingelb.«

Doch Balthasar hob nur müde seinen Kopf und blieb liegen.

Und dann, ganz plötzlich, schob sich ein kleines rundes Stückchen Mond strahlend hell über das dunkle Kirchenschiff. Stück für Stück kletterte der Mond über das Dach. Nikolaus wunderte sich immer wieder, wie schnell der Mond sich bewegte, wenn er aufging. Auf dem Rest seines Weges durch die Nacht schien er sich dann viel mehr Zeit zu lassen.

Im Mondlicht glitzerte und funkelte der Schnee auf allen Dächern vor ihm. Die Straße unter ihm wurde immer heller, je höher der Mond in den Nachthimmel stieg. Nikolaus beobachtete einen Menschen, der langsam zum Rathaus stapfte. Er erkannte ihn an seinem Helm. Er blitzte im Mondlicht, als wäre er aus Silber. Es war der Nachtwächter, der seine Runde drehte.

Nikolaus' Finger waren inzwischen blau gefroren, seine Zehen spürte er nicht mehr. Er hüpfte in seinem Zimmer hin und her, um sie wieder zum Leben zu erwecken.

»Mal schau'n, wo er morgen aufgehen wird«, sagte er zu sich selbst. Balthasar hörte nicht mehr zu. Er schlief und schnarchte leise vor sich hin. Nikolaus prüfte die Markierungen, die er an den Tagen zuvor mit seinem Messer in den Holzrahmen der Dachluke geritzt hatte. Er fügte eine neue hinzu und maß die verschiedenen Abstände. Schließlich entschied er sich für die hohen Bäume links vom Brückentor.

»Und morgen wird er kurz nach 10 Uhr dort zu sehen sein. Wirst' schon sehen, Balthasar.«

Dann klappte er den schweren Holzladen vor die Dachluke und verriegelte ihn sorgfältig. Es war jetzt völlig dunkel in seiner Dachkammer. Das machte nichts, er wusste ja, wo sein Bett stand.

Nikolaus deckte sich mit allen Decken zu, die er vorher zurechtgelegt hatte. Er brauchte auch nicht lange darauf zu warten, bis sich Balthasar wie immer auf seine Beine legte.

»Und zieh dich morgen warm an, Balthasar«, sagte er zähneklappernd, »das wird sicher wieder ein sehr kalter Tag werden. Gute Nacht.«

Doch sein schwarzer Kater machte keinen Mucks mehr, er war schon wieder eingeschlafen.

Nikolaus blieb noch eine Weile wach. Er wollte darüber nachdenken, warum der Mond an jedem Tag an einer anderen Stelle und zu einer anderen Zeit aufging. Er hatte herausgefunden, dass dies so war, aber er wusste nicht, warum. Das ließ ihm keine Ruhe. Vielleicht lag es daran, dass der Mond mit unterschiedlicher Geschwindigkeit durch den Himmel zog. Mal trödelte er etwas und dann beeilte er sich wieder. Vielleicht lag dies ja auch an sehr starken Winden, die viel stärker waren, als man sich dies auf der Erde überhaupt vorstellen konnte. Und der Mond war ganz offensichtlich auch auf unterschiedlichen Bahnen unterwegs. Mal stand er hoch am Himmel, mal nahm er Abkürzungen, wenn er nur flach über dem Horizont schwebte. Auch die Sonne verhielt sich unterschiedlich. Aber warum?

»Ich werde morgen darüber mal mit Lukullus reden. Hoffentlich hört er mir zu. Sonst frage ich Onkel Lucas«, murmelte er gähnend und war kurz darauf eingeschlafen.

Als jemand seinen Namen rief, dachte er, er träumte. Aber dann hörte er auch ein energisches »Frühstück ist fertig.« Da wusste er, dass es Zeit war, aufzustehen.

»Da stimmt doch was nicht«, brummte er müde, »ich bin doch gerade erst eingeschlafen.«

Trotzdem zog er sich schnell an, denn in seiner Kammer war es viel zu kalt, um lange herumzutrödeln. Bevor er nach unten ging, öffnete er die Dachluke einen kleinen Spalt, um zu sehen, was ihn draußen erwarten würde. Es war noch fast dunkel, der Himmel war blassblau, im Osten wurde es hell. Es schneite nicht.

»Gibt 'nen schönen Sonnenaufgang«, sagte er und gähnte. »Immerhin etwas.«

Agnes, ihre Magd, begrüßte ihn gut gelaunt. Sie war immer vergnügt. Er kannte sie nicht anders. Seit gut einem Jahr war sie nun in ihrem Haushalt, seit sein Vater gestorben war. Onkel Lucas hatte sie ihnen geschickt und bezahlte sie auch. Agnes verbreitete nicht nur gute Laune, sondern arbeitete viel und kochte gut.

»Etwas Honig in die Grütze?«

Nikolaus nickte dankbar.

Seine Mutter war um diese Zeit, wie an jedem Morgen, zur Frühmesse in der Johanneskirche, um für ihren verstorbenen Mann zu beten. Bevor Nikolaus das Haus verließ, würde sie zurück sein.

»Ich dachte schon, du kommst gar nicht mehr«, begrüßte Nikolaus seinen Kater, der verschlafen die Treppe herunterschlich. Unten angekommen, streckte er sich ausgiebig, strich Nikolaus ein paar Mal um die Beine und marschierte dann zu seinem Lieblingsplatz. Balthasar hoffte wohl, dass Agnes auch an ihn gedacht hatte. Er wurde nicht enttäuscht. Irgendwelche Reste ließ Agnes immer für ihn übrig.

Die Sonne war noch nicht aufgegangen, als Nikolaus die Haustüre hinter sich zuzog. Er merkte sofort, dass seine Wettervorhersage richtig war. Die Luft war klar, ein eisiger Ostwind fegte durch die Straßen. Auch in der Schule würde es noch etwas kälter sein als sonst. Es gab nur einen Raum, und zwar den neben dem Refektorium*, in dem an solchen Tagen ein Feuer gemacht wurde. Alle Schüler und Lehrer konnten sich dort während der Pausen aufwärmen. Die anderen Räume blieben unbeheizt. Das wussten die Schüler aus Erfahrung und würden heute mit vielen und besonders warmen Kleidungsstücken zur Schule kommen. Auch mit Schals und Mützen.

Leider wusste das auch seine Mutter. Sie bestand darauf, dass er bei diesem Wetter die lilafarbene Samtkappe aufsetzte, die ihm Onkel Lucas geschenkt hatte. Sie sah einfach grauenvoll aus. Außerdem war sie viel zu groß und rutschte ihm ständig über die Augen. Keiner seiner Mitschüler hatte so eine Mütze. Er schämte sich, wenn er jemandem begegnete, der ihn kannte. Meistens zog er die Mütze vom Kopf und steckte sie in die Tasche, sobald er sich weit genug von zu Hause entfernt hatte.

Zur Schule war es nicht weit. Sie befand sich gleich hinter der Johanneskirche, direkt neben dem Pfarrhaus. Sie war moderner eingerichtet als viele andere Schulen zu jener Zeit. Das hatte ihnen der Schulleiter an ihrem ersten Schultag erzählt. Das machen Schulleiter immer so, besonders dann, wenn auch Eltern zuhören.

In dieser Schule saßen die Schüler nicht auf Strohballen wie an anderen Schulen, sondern auf Holzbänken, und sie hatten Schreibpulte vor sich. Auf diesen Pulten schrieben sie und lasen ihre Texte. Das gab es sonst nur an Universitäten, hatte der Schulleiter damals voller Stolz gesagt.

Der Lehrer saß auf einem erhöhten Stuhl und hatte einen Tisch vor sich. Hinter ihm hing ein kleines Kreuz an der Wand. An einer Seite des Raumes gab es zwei Fenster, die bei diesem Wetter mit Fensterläden verschlossen waren. Sobald es wärmer war, wurden sie geöffnet. Dann konnte man auf den Schulhof, auf Gemüsebeete und auf einen Kräutergarten schauen oder Vögel in den Obstbäumen beobachten. Natürlich nur heimlich, denn die Lehrer wollten, dass man nur sie anschaute oder den Text, der auf dem Pult lag. Da der Raum bei geschlossenen Fensterläden dunkel war, wurden Kerzen und Öllampen angezündet, die auch etwas Wärme verbreiteten. Trotzdem war es Nikolaus und den anderen 13 Schülern seiner Klasse während des Unterrichts immer viel zu kalt.

Es war bereits später Vormittag. Die letzten Minuten der Lateinstunde bei Bruder Lambertus hatten begonnen. Er war ein Mönch des nahe gelegenen Franziskanerklosters und unterrichtete täglich an dieser Schule. Es gab noch andere Mönche, die dies taten. Bruder Franziskus, zum Beispiel. Der Schulleiter war froh darüber, denn er hatte in diesem Jahr viel zu wenig Lehrer für seine Schule gewinnen können.

Die Schüler sahen schon etwas matt und lustlos aus und hatten, wegen der Kälte, blaue Lippen und rote Nasen. Die Übersetzung des lateinischen Textes verlief sehr schleppend. Man hatte das Gefühl, dass auch Bruder Lambertus kurz davor war, einzunicken.

Bruder Lambertus hieß bei seinen Schülern »Bruder Lukullus«*, und jedermann konnte auf den ersten Blick sehen, warum. Er hatte ein rundes, pausbäckiges und meistens auch ein etwas gerötetes Gesicht, und unter seiner weiten braunen Mönchskutte wölbte sich unübersehbar sein dicker Bauch. Während des Unterrichts holte er immer wieder Essbares aus den Tiefen seines Gewandes, um sich zu stärken. Mal war es ein roter Apfel, mal ein Hühnerbein und manchmal sogar ein fettes Stück Räucherfisch, das er am Morgen in sein Taschentuch gewickelt hatte.

Plötzlich meldete sich ein Schüler. Bruder Lambertus war fast ein wenig erschrocken.

»Nikolaus, was möchtest du?«, fragte er.

»Ich möchte wissen, warum es im Winter kalt ist und im Sommer nicht.«

»Was hat das um Gottes Willen mit unserem Lateinunterricht zu tun? Wo hast du nur wieder deine Gedanken, Nikolaus?«, antwortete Bruder Lambertus und war froh, dass er diese Frage so einfach abwimmeln konnte. Dieser Junge hatte immer nur verrückte Ideen im Kopf. Seine Fragen nervten ihn immer und immer wieder, weil sie so unsinnig waren. So unsinnig, weil es darauf meistens gar keine Antworten geben konnte.

Endlich ertönte die helle Glocke des Refektoriums. Gott sei Dank! Erleichtert legten die Schüler Papier und Federkiele* unter die Pulte, atmeten einmal tief durch und blickten gespannt nach vorne. Jetzt würde noch eine Stunde Naturkunde kommen, wiederum bei Bruder Lukullus. Das war immer unterhaltsam, in jedem Fall besser als Latein. Und danach würde es etwas zu essen geben.

Bruder Lambertus sah missmutig in Richtung Nikolaus.

»Na, Nikolaus, was gibt es denn jetzt schon wieder?«

»Immer noch das Gleiche, Bruder Lukull…. ehem, Lambertus. Ich friere. Warum friere ich im Winter und nicht im Sommer?«

Fragen, bei deren Beantwortung Bruder Lambertus sich nicht sicher war, beantwortete er nicht selbst, sondern gab sie normalerweise an seine Schüler weiter.

»Wer von euch gibt eine Antwort auf diese seltsame Frage, du, Lukas?«

»Na, ich denke, im Winter ist es länger dunkel, dann scheint die Sonne nicht so lange. Deshalb schneit es im Winter, wenn es im Sommer regnet. So oder so ähnlich wird die Erklärung lauten.«

»Gute Antwort, Lukas«, sagte Bruder Lambertus. Gleichzeitig sah er Nikolaus etwas geringschätzig und schadenfroh an. Leider sah er dabei aber auch, dass sich Nikolaus schon wieder meldete.

»Nikolaus, hast du die Antwort etwa nicht verstanden?«, fragte Bruder Lambertus etwas gereizt.

»Doch, aber was ist der genaue Grund dafür, dass die Sonne im Winter nicht so lange scheint?«

Einige Schüler verdrehten ihre Augen, andere fingen an zu kichern. Das war typisch Nikolaus. Er hatte immer noch Fragen, wenn die anderen Schüler mit einer Antwort längst zufrieden waren. Bruder Lambertus und auch andere Lehrer brachte er damit regelmäßig zur Weißglut.

»Nikolaus, du hast doch bestimmt noch die Schöpfungsgeschichte des Alten Testamentes im Kopf, die ich für euch übersetzt habe. Da heißt es im ersten Buch Mose: ‚Und Gott machte zwei große Lichter: ein großes Licht, das den Tag regiere, und ein kleines Licht, das die Nacht regiere, dazu auch Sterne.'

Da steht aber nicht, nach welchem Fahrplan die Sonne oder der Mond um die Erde kreisen sollen oder wann sie mal ins Trudeln geraten oder sogar eine Pause einlegen. Oder wann es dunkler oder heller wird. Oder kälter oder wärmer. Das ist einfach so, wie es ist, und damit basta! Keine weiteren Fragen, Nikolaus!«

»Wieso hat eigentlich…«

»Stooooppp, Nikolaus!! Schluss mit der ewigen Fragerei! Lerne das, was du in meinem Unterricht hörst. Das genügt, dann bringst du es weit in deinem Leben! Niemand lernt durch dumme Fragen! Also schreib dir endlich hinter deine Ohren, was ich dir schon so oft gesagt habe: *Wieso, weshalb, warum, wer viel fragt, bleibt dumm!* Wiederhole das, Nikolaus!«

Kleinlaut wiederholte Nikolaus den beliebtesten Merksatz von Bruder Lambertus.

Bruder Lambertus war etwas außer Atem geraten. Sein Gesicht hatte die Farbe einer überreifen Erdbeere angenommen. Es dauerte eine kleine Weile, bis er mit seinem Unterricht fortfahren konnte.

»So, und damit wir alle besser verstehen, wie das so

im Weltall funktioniert, machen wir heute ein kleines Experiment.«

Mit diesen Worten drehte er sich zu dem Reisigkorb um, der schon den ganzen Vormittag in seiner Nähe gestanden hatte, und verteilte dessen Inhalt auf seinem Pult: einen quittegelben Kürbis, einen roten Apfel, eine fast runde Birne und einige Walnüsse.

»Komm zu mir, Johann!«, sagte Bruder Lambertus, »du bist die Erde.«

Bruder Lambertus gab ihm den Auftrag, den Kürbis mit seinen beiden Händen über seinen Kopf zu stemmen.

»Jetzt du, Martin, du bist die Sonne.«

Bruder Lambertus zeigte ihm, wo und wie der Apfel um den Kürbis kreisen sollte.

»Und nicht so schnell, Martin, die Sonne nimmt sich dafür einen ganzen Tag Zeit.«

»So, und jetzt der Mond«, rief Bruder Lambertus fast schon vergnügt, »der ist für dich, Mathias, du schläfst ja sowieso den halben Tag. Dann bist du nachts ja bestimmt munter.«

Jetzt fing die Sache an, kompliziert zu werden. Auf Johanns Stirn sammelten sich die ersten Schweißperlen, die Erde kam schon ein wenig ins Rutschen. Martin stand auf seinen Zehenspitzen und versuchte weiterhin, die Sonne im Zeitlupentempo um die Erde kreisen zu lassen. Mathias tat, was ihm Bruder Lambertus gesagt hatte, und ließ den Birnenmond zentimeterweise um die Erde fliegen.

»Und nun noch ein paar Sterne!«

Bruder Lambertus überreichte Simon, Lukas und Hanno jeweils eine Nuss, wies den Sternen einen Platz am Firmament zu und sagte ihnen, was sie zu tun hatten.

»So, und ihr beschreibt mir jetzt ganz genau, wie das Universum funktioniert«, forderte Bruder Lambertus die restlichen Schüler der Klasse auf.

Doch der Zufall wollte es, dass sich genau in diesem Augenblick die Arme von Sonne und Mond in ihren Umlaufbahnen um die Erde verknoteten, dass der Mond dabei das Gleichgewicht verlor und der Erde auf die Füße trat. Die Erde hatte schon zuvor die allergrößte Mühe, ihre Position einzuhalten und kam nun bei diesem Fußtritt völlig aus dem Gleichgewicht, strauchelte und plumpste zu Boden. Der Kürbis landete mit einem satten »Ploppp« auf dem Holzfußboden und kullerte mit einem tiefen Riss Bruder Lambertus direkt vor die Füße. Dass die Zuschauer den Zusammenbruch des Sonnensystems urkomisch fanden und lauthals lachten, fand Bruder Lambertus seinerseits überhaupt nicht lustig.

»Nikolaus, berichte, was du gesehen hast, bevor die Erde abstürzte!«, befahl Bruder Lambertus in kühlem Ton.

Nikolaus wollte, aber er konnte nicht. Er formulierte einige Worte und fing immer wieder an zu lachen. Es hatte einfach keinen Zweck.

»Schluss jetzt!«, donnerte Bruder Lambertus ihn verärgert an. »Zu Beginn der nächsten Stunde, wenn du dich wieder beruhigt hast, wirst du uns noch einmal genau erklären, wie das System am Himmel funktioniert. Und zwar ohne meine Hilfsmittel. Und nun raus mit euch, in die Mittagspause!«

Zwei Tage später, gleich nach dem Morgengebet, das wie immer zu Beginn der ersten Stunde gesprochen wurde, forderte Bruder Lambertus Nikolaus auf, das Universum zu erklären.

»Ich habe noch einmal darüber nachgedacht«, begann Nikolaus, »über das, was wir in der letzten Stunde gesehen haben.«

»Das war nicht deine Aufgabe«, unterbrach ihn Bruder Lambertus kühl, »berichte uns einfach, was wir über die Bewegungen von Erde, Sonne, Mond und Sternen gelernt haben.«

»Wir haben gesehen, dass sich die Sonne um die Erde dreht und auch der Mond, aber auf einer anderen Umlaufbahn. Die drei Sterne haben sich übrigens kaum bewegt. Wir konnten aber nicht erkennen«, fügte Nikolaus noch schnell hinzu, »warum es im Winter kälter ist als im Sommer oder warum im Sommer die Tage länger sind als im Winter.«

Bruder Lambertus hatte sich für heute fest vorgenommen, auf die dummen Antworten oder Fragen dieses Schülers nicht zu reagieren. Aber unter seiner ruhigen Oberfläche brodelte es schon jetzt wieder ganz gewaltig.

»Und heute Nacht habe ich mich gefragt«, fuhr Nikolaus unbeirrt fort, »ob vielleicht alles ganz anders ist, als wir es uns denken. Vielleicht gibt es ja noch viele Dinge, die wir gar nicht wissen. Und viele Fragen, die wir nicht beantworten können. Zum Beispiel: Bewegt sich auch die Erde oder machen das nur die Himmelskörper, die wir sehen? Man müsste mal darüber nachdenken.«

Bruder Lambertus explodierte ansatzlos. Was zu viel war, war zu viel! Damit musste jetzt endgültig Schluss sein! Bruder Lambertus packte Nikolaus am Arm, zerrte ihn von seiner Holzbank und schleifte ihn aus dem Unterrichtsraum direkt zum Zimmer des Rektors. Sollte der doch sehen, wie er mit diesem unbelehrbaren, ja verrückten Schüler fertig wurde. Er jedenfalls würde sich diese Frechheiten nicht mehr länger bieten lassen.

Schweinhundkatze

»Hat es sehr wehgetan?«, fragte Mathias, als er sich den ersten Löffel Kohlsuppe in den Mund schob. »Zeig mal deine Hände!«

Das war typisch Mathias. Alle anderen hatten längst mitbekommen, dass Nikolaus über eine Stunde vor dem Zimmer des Rektors gewartet hatte. Vergeblich, denn der war heute gar nicht in der Schule.

Mathias war eigentlich immer vergnügt und grinste oft, auch wenn es dafür keinen Grund gab. Er wusste, dass er nicht sehr gut in der Schule war und schleimte sich deshalb immer wieder bei seinen Lehrern ein.

»Du stellst aber auch immer so verrückte Fragen, Nikolaus.« Mathias grinste, mit seinem Holzlöffel im Mund. Das sah dämlicher aus, als er ahnte. »Kein Wunder, dass Lukullus heute ausgerastet ist. Da hast du selber Schuld, Nikolaus«, fuhr er kauend fort.

Alle Schüler und Lehrer der Schule saßen an langen dunkelbraunen Holztischen im Refektorium und aßen Kohlsuppe mit Rüben und Speck. Jeder konnte sich außerdem, wie an jedem Mittag, Brot von einem großen Brotlaib abbrechen.

Von der niedrigen Decke des Gewölbes hingen große Holzreifen, auf denen viele Kerzen brannten. Es war angenehm warm, weil nebenan im Wärmeraum ein Feuer prasselte.

»Du hast wohl Murmeln im Kopf«, zischte Johann ihm über den Tisch zu. »Man wird in der Schule wohl noch Fragen stellen dürfen, ohne dass man zum Rektor geschickt wird.«

»Aber Nikolaus könnte ja auch mal seinen Mund halten, wenn Lukullus das so will. Er ist ja schließlich unser Lehrer«, sagte Mathias etwas altklug und biss von seinem Brot ab.

»Wie kann man nur so blöd sein«, sagte Simon heftiger, als er es eigentlich wollte, »das tut ja richtig weh!«

»Ruhe da drüben!«, donnerte Bruder Severus in einem so eisigen Ton in ihre Richtung, dass alle Unterhaltungen sofort verstummten. »Wen ich ab jetzt beim Reden erwische, der schrubbt heute Abend den ganzen Fußboden hier im Refektorium ganz alleine. Ist das klar?«

Bruder Severus war der strengste Lehrer an der Schule. Viele Schüler waren der Meinung, er sei einfach nur gemein.

Ab sofort waren nur noch das Schlürfen und Schmatzen der Schüler und das Klappern der Holzlöffel zu hören.

»Man müsste mal darüber nachdenken, was man machen kann«, flüsterte Lukas nach einer ganzen Weile. Alle Schüler mochten Lukas. Er hatte oft sehr interessante Einfälle.

»Was meinst du?«, flüsterte Johann zurück und schielte gleichzeitig zum Lehrertisch, um zu sehen, ob sich Bruder Severus in ihre Richtung drehte. Alle Jungen blickten gespannt auf Lukas.

»Nicht jetzt, ich will doch nicht den Fußboden schrubben. Später bei Assisi können wir uns bestimmt darüber unterhalten«, sagte Lukas so leise, dass man ihn kaum verstehen konnte.

Alle Schüler grinsten. Ja, das stimmte, bei Assisi würde das gehen. Auch Mathias grinste, obwohl er nichts verstanden hatte.

»Was wollt ihr mit Assisi machen?«, fragte Mathias lauter als notwendig. »Nicht, dass es wieder Ärger gibt. Ich will meine Ruhe haben.«

Schneller als der Blitz war Bruder Severus hinter ihm und zog ihn an seinen Haaren von der Bank.

»Du unverschämter Lümmel! Habe ich nicht gerade eben erst gesagt, ihr sollt essen ohne zu reden? Aber das interessiert dich wohl nicht, was? Nach dem Unterricht wirst du hier den Fußboden polieren, bis du dich darin spiegeln kannst. Hast du mich verstanden?«

»Aber ich hab' doch nur gefragt, was die anderen…«

»Noch ein einziges Wort und du wirst diesen Boden an jedem Abend in dieser Woche auf deinen Knien sauber machen, ist das klar?« Bruder Severus' Stimme war jetzt gefährlich leise geworden.

Mathias nickte. Er war den Tränen nahe. Fast tat er seinen Mitschülern Leid, auch sie fürchteten sich vor Bruder Severus. Niemand mochte ihn.

Wie immer verbrachte Balthasar die Mittagspause auf dem Schulhof. In dieser Jahreszeit war dies zwar nicht wirklich interessant, aber es nützte nichts. Das Refektorium und die Küche waren tabu für ihn. Also streunte er wie immer durch die verschneiten Gemüsebeete, überprüfte spaßeshalber alle Mauselöcher, kletterte auf den Apfelbaum und legte sich schließlich vor dem Haselnussstrauch auf die Lauer.

Rechtzeitig zu Beginn des Nachmittagsunterrichts war er wieder zurück im Schulgebäude. Als er in den Klassenraum kam, ragten gelbe und graue Federn aus seinem Maul. Er setzte sich vor Nikolaus, blickte ihn mit seinen grünen Augen an und wollte gelobt werden. Nikolaus streichelte seinen Kopf und machte ihm Komplimente.

Alle Schüler standen im Kreis und schauten zu.

»Wenn ihr mich fragt«, sagte Peter, »die ist hin. Die flattert nicht mehr.«

»Wenn ich die wäre, würde ich auch nicht flattern. Ich würde 'ne Ohnmacht vortäuschen und dann die Fliege machen, wenn die Luft wieder rein ist«, gab Simon zur Antwort.

Alle fingen an zu grinsen, nur Mathias nicht, der war für heute bedient.

»Wir könnten die Meise ja dem Assisi* zeigen, vielleicht schafft er es ja, sie wiederzubeleben«, meinte Lukas schelmisch.

So nannten die Schüler Bruder Franziskus, weil er sich um alle Tiere kümmerte und die kranken wieder gesund pflegte.

Sie hörten bereits von weitem, dass er auf dem Weg zu ihnen war. Das war kein Kunststück, denn Bruder Franziskus war der einzige Lehrer, der sich dem Klassenraum im Laufschritt näherte. Mit »...und eins und zwei und eins und zwei und eins und zwei ...« spornte er sich selber an, bewegte seine angewinkelten Arme rhythmisch auf und nieder und schnaufte hörbar. Seine Sandalen klatschten bei jedem »eins« und »zwei« laut auf die Holzdielen. Es schienen Sommersandalen zu sein, denn nur einige schmale Lederriemchen verbanden die Sohlen mit seinen nackten Füßen. Bruder Franziskus war nicht mehr der Jüngste, aber er war fest davon überzeugt, dass diese täglichen Laufübungen auf den Fluren der Schule seiner Gesundheit gut taten. Er hatte schon oft mit den anderen Lehrern darüber gesprochen und ihnen sehr empfohlen, seinem Beispiel zu folgen. Bisher leider ohne jeden Erfolg.

Etwas außer Atem betrat er den Klassenraum. Mit einem lauten und energischen »Guten Morgen, Kinder. Setzt euch!« grüßte er seine Schüler. Er würde gleich von Anfang an dafür sorgen, dass heute ein ganz anderer Wind wehen würde. Zur Sicherheit sagte er dies auch seinen Schülern.

»Heute, Jungs, wird hier ein ganz anderer Wind wehen. Ihr werdet heute keinen Unsinn machen. Heute wird hier nur gearbeitet. Habt ihr das verstanden?«

Alle Schüler nickten ernsthaft mit dem Kopf.

»Das fängt ja schon mal gut an«, dachte Bruder Franziskus zufrieden und rieb sich, ohne es zu merken, die Hände.

»Und deshalb beginnen wir auch sofort mit dem Unterricht. Also heute werden wir... Ja, was willst du, Lukas?«

»Balthasar hat einen Vogel mitgebracht und wir möchten wissen, ob du ihn wieder zum Fliegen kriegst?«

Bruder Franziskus hatte nicht wirklich etwas dagegen, wenn ihn die Schüler duzten. Vor allen Dingen dann nicht, wenn sie mit ihm über Tiere redeten. Er kniete sich auf den Boden und untersuchte die tote Meise.

»Da ist nichts mehr zu machen. Leider. Die liegt auf dem Rücken und streckt ihre kleinen Füße in die Luft. Schade!«, sagte Bruder Franziskus und stand wieder auf.

»Vielleicht schläft sie nur«, meinte Lukas. »Ich schlafe nachts auch immer auf dem Rücken und wache morgens doch immer wieder auf.«

Einige Schüler fingen an zu kichern.

»Du bist albern, Lukas. Dieser Vogel ist mausetot. Wenn du mir nicht glaubst, nimm ihn heute Abend mit in dein Bett und erzähl uns morgen, ob er wieder fliegen kann. So, und nun ist Schluss damit«, sagte Bruder Franziskus, der stolz auf sich war, dass er die Diskussion so schnell beenden konnte. Dies versprach eine gute Unterrichtsstunde zu werden.

»Heute lernt ihr etwas über die Säugetiere«, sagte er ernst und fast ein wenig feierlich. »Wer von euch kennt Säugetiere?«

Interessiert blickte Bruder Franziskus von einem Schüler zum anderen.

»Wer von euch kann ein oder mehrere Säugetiere benennen? Nun? Keiner?«

»Schweinhundkatze«, sagte Mathias etwas atemlos und presste dabei die drei Wörter zu einem einzigen Tier zusammen.

Bruder Franziskus verstand nicht sofort, was er gesagt hatte.

»Richtig«, sagte er schließlich. »Wer kann mir sagen, was diese Tiere gemeinsam haben?«

Sofort hagelte es Antworten von allen Seiten.

»Ohren.«

»Nase.«

»Augen.«

»Schwanz.«

»Rüssel.«

»Hunger.«

»Stopp, stopp, stopp!«, rief Bruder Franziskus lautstark

dazwischen. »So geht das nicht. Es kann hier nicht jeder reden, wie er will. Ihr müsst euch melden.«

Eberhard hob als Erster seine Hand.

»Du bist dran, Eberhard.«

»Ich weiß gar nicht mehr so ganz genau, wie Schweine aussehen. Sind das die mit den Schlappohren?«

Eberhard war neben Mathias der schwächste Schüler der Klasse und brachte seine Lehrer fast täglich zur Verzweiflung. Weil sein Vater Bürgermeister der Stadt war, durfte Eberhard trotzdem auf dieser Schule bleiben und solche Fragen stellen.

Bruder Franziskus rang ein wenig nach Luft, räusperte sich und lächelte Eberhard an. Er wusste nicht so recht, was er sagen sollte.

»Ja, Lukas, was willst du?«

»Wir könnten doch raus gehen. Dann zeichnen wir die Schweinhundkatze in den Schnee. Dem Eberhard fällt dann bestimmt wieder ein, wie ein Schwein aussieht. Und wir alle könnten dann auch die drei Tiere viel besser vergleichen. Außerdem ist so ein Unterricht in der Natur jetzt sehr modern, habe ich gehört.«

Alle riefen durcheinander. Die Begeisterung über diesen Vorschlag kannte keine Grenzen.

»Prima Vorschlag!«

»Super Sache!«

»Unser Lukas!«

»Machen wir, ja, ja, ja…!«

»Ruuhhee….. Ruuuuuuuuhhhhheeee !!«, rief Bruder Franziskus mit lauter Stimme und hatte dennoch Mühe, sich Gehör zu verschaffen.

Er wusste, dass es jetzt kein Zurück mehr geben würde.

Er selbst hatte allerdings nicht die geringste Lust, mit diesen Schülern nach draußen zu gehen, um dort modernen Unterricht zu machen. Er hatte kein gutes Gefühl bei dieser Art von Unterricht. Gar kein gutes.

»Aber wir gehen nur hinaus, wenn ihr draußen genau das tut, was ich sage. Heute weht hier ein anderer Wind, verstanden? Ihr werdet draußen keinen Unsinn machen. Sonst gehen wir sofort wieder rein.«

»Natürlich, natürlich.«

»Selbstverständlich.«

»Sie kennen uns doch«, schallte es fröhlich von allen Seiten.

Auf dem Schulhof entbrannte zunächst ein Streit darüber, wer die Tiere mit einem Stock in den Schnee zeichnen durfte. Da aber allgemein bekannt war, wer dies am besten konnte, einigten sich die Schüler ziemlich schnell.

Das eigentliche Problem bestand aber darin, dass die anderen, die nichts zu tun hatten, sich langweilten. Aber sie kamen schnell auf eine Idee, wie sie sich die Zeit sinnvoll vertreiben konnten.

Gerade, als die drei Zeichner »fertig« riefen und Bruder Franziskus alle Schüler aufforderte, einen Halbkreis um die Säugetiere zu bilden, ertönte der erste Schrei.

»IIhhhh, welches Schwein hat mir einen Schneeball in den Kragen gesteckt?«

Es war Eberhard, der sich drehte und schüttelte und verzweifelt versuchte, den Schneeball wieder loszuwerden.

»Wer war das?«, rief Bruder Franziskus aufgeregt. Seine Stimme überschlug sich.

»Ich erwarte, dass der Übeltäter sich sofort meldet und sich bei Eberhard entschuldigt.«

Bruder Franziskus wartete eine ganze Weile, aber niemand meldete sich. Die meisten Schüler hatten ihre Köpfe gesenkt, ihre Hände waren hinter dem Rücken versteckt.

Bruder Franziskus hielt die Spannung nicht lange aus und wollte zum Unterricht zurückkehren.

»Also, Eberhard«, fragte er in einem betont freundlichen Ton, »hast du das Schwein entdeckt?«

»Nee, noch nicht. Aber der kann was erleben.«

»Nein, das meine ich nicht«, sagte Bruder Franziskus nun schon etwas ungeduldiger. »Schau dir die Zeichnungen an!«

Da hörte man ein kurzes, trockenes »Plopp« und dann einen spitzen Schrei. Das Gleiche wiederholte sich mehrfach.

Bruder Franziskus tat so, als hätte er nichts bemerkt.

»Was hast du gesagt?«, fragte Bruder Franziskus, der nicht Eberhard ansah, sondern auf den Boden und seine blau gefrorenen Füße starrte.

»Ich habe nichts gesagt«, antwortete Eberhard missmutig, »die Tiere sehen irgendwie alle gleich aus. Vorne ein Kopf und hinten ein Schwanz. Die Zeichnungen sind einfach schlecht. Da kann man nichts erkennen.«

Wie auf Kommando flogen nun von allen Seiten Schneebälle durch die Luft. Bruder Franziskus wurde zwar nicht getroffen, aber ihn erfüllte trotzdem so etwas wie Panik.

»Der Unterricht in der Natur ist hiermit beendet. Zurück in den Klassenraum! Sofort!«, rief Bruder Franziskus mit heiserer Stimme. Er schlotterte vor Kälte am ganzen Körper.

Auf dem Weg zum Schulgebäude wurden noch rasch alle restlichen Schneebälle verwertet. Unglücklicherweise verfehlte einer sein Ziel und landete direkt über der Eingangstüre. Dort zerbarst er und rieselte als Schneeschauer genau in dem Augenblick zu Boden, als Bruder Franziskus die Türe öffnete. Da kalter Schnee auf seinen Hinterkopf fiel und in den Nacken rutschte, schrie Bruder Franziskus erschreckt auf und fing fürchterlich an zu fluchen. Fluchen war in den Ordensregeln der Franziskaner sicher nicht vorgesehen, wahrscheinlich war es sogar streng verboten. Aber seine Schüler hatten großes Verständnis für seinen Wutausbruch. Kalter Schnee im Nacken, das war wirklich sehr, sehr unangenehm.

Bruder Franziskus war ein wenig über sich selbst erschrocken und froh, dass kein anderer Lehrer in der Nähe war. Er trocknete Kopf und Nacken mit einem großen Taschentuch und ging, ohne ein weiteres Wort zu verlieren, in den Klassenraum. Seine Schüler folgten ihm schweigend. Ein Bild der Unschuld und des Gehorsams.

Bruder Franziskus nahm auf seinem Stuhl Platz und wickelte seine kalten Füße in den unteren Teil der Mönchskutte. Er musste ab jetzt höllisch aufpassen. Er durfte auf keinen Fall plötzlich aufstehen oder andere ungeschickte Bewegungen machen, sonst würde er mit Sicherheit nach vorne kippen und vom Stuhl fallen. Das durfte einfach nicht passieren. Das würde ihm für heute den Rest geben.

Er wunderte sich darüber, dass seine Schüler ihn ruhig und erwartungsvoll anblickten.

»Vielleicht tue ich ihnen Unrecht«, dachte er, »vielleicht ist der Schnee vom Dach gerutscht, und sie hatten gar nichts damit zu tun.«

»Meine Lieben«, begann er, schon wieder etwas milder gestimmt, »teilt euch bitte in drei Gruppen und denkt noch einmal ganz gründlich über die drei Säugetiere nach, die dort draußen in den Schnee gezeichnet wurden. Später werden wir dann zusammentragen, was ihr herausgefunden habt. Also, an die Arbeit. Los, los, los!«

Es schien, als sei nun wieder Leben in die Jungen gekommen. Sie diskutierten, feilschten, schimpften, drohten und schubsten sich, bis sie sich endlich einig waren, wer in welche Gruppe kam. Das dauerte eine ganze Weile. So war das immer. Und dann fingen sie an, sich zu unterhalten. Bruder Franziskus entspannte sich, als er sah, dass seine Schüler nun ernsthaft arbeiteten.

»Ist ja doch noch eine ganz gute Stunde geworden«, freute er sich.

Hanno beugte sich nach vorne und sprach so leise, dass Bruder Franziskus nichts verstehen konnte.

»Also, Lukas, was kann man machen, welche Idee hast du?«

Die anderen vier Jungen sahen Lukas erwartungsvoll an.

»Die Sache ist wirklich einfach«, sagte Lukas ohne Umschweife. »Wenn Lukullus ein Problem mit Fragen hat, müssen wir ihm dabei helfen, es loszuwerden. Ab morgen stellt nicht nur Nikolaus Fragen, sondern wir alle. Eine nach der anderen. Sinnvolle und weniger sinnvolle. Vielleicht traut sich Mathias nicht, vielleicht auch nicht Eberhard, aber die anderen, die nicht auf den Kopf gefallen sind, werden mitmachen. Dann schauen wir mal, wie Lukullus reagiert. Ich glaube nicht, dass er die ganze Klasse zum Rektor schickt, nur weil wir Fragen stellen. Das wird nicht gehen.«

»Super Idee, so wird's gemacht. Das erzählen wir nach der Stunde allen anderen.«

Lukas, Hanno, Nikolaus, Simon und Martin strahlten sich an.

»Nun, Lukas, seid ihr fertig, habt ihr das Problem gelöst?«

»Haben wir, haben wir«, gab er keck zurück, »von uns aus kann es losgehen.«

»Hab' ich mir doch gleich gedacht«, schmunzelte Bruder Franziskus, »heute weht doch ein ganz anderer Wind als sonst. Heute wird hier ernsthaft gearbeitet. Ist doch eine prima Klasse!«

Sonnenaufgang in der Johanneskirche

Nikolaus verließ das Haus, als es dämmerte und die Sonne den Himmel schon etwas rosa färbte. Balthasar lief ein paar Meter vor ihm her. Er kannte den Weg. Trotz der frühen Stunde und dieser Kälte war der Kater vergnügt und unternehmungslustig. Er jagte gerade einen Baumstamm hinauf, um ein paar Vögel zu erschrecken.

Nikolaus hatte an diesem Morgen noch keinen Blick für die mit dickem Raureif überzogenen Bäume. Er achtete auch nicht auf die wenigen Menschen, die mit ihm so früh unterwegs waren. Er war viel zu sehr mit sich selbst beschäftigt. Die Frage, die Mathias gestern beim Mittagessen gestellt hatte, hallte immer wieder durch seinen Kopf: »Hat es sehr wehgetan? Hat es sehr wehgetan?« Wenn er das Treffen mit dem Schulleiter bloß schon hinter sich hätte.

Auch die Unterrichtsstunde mit Lukullus lag ihm schwer im Magen. Er hatte kein gutes Gefühl bei dem Gedanken, diesen eigentlich gutmütigen Lehrer mit vielen Fragen zu ärgern. Wahrscheinlich würde er, Nikolaus, es wieder ausbaden müssen. So wie meistens.

Schon von weitem sah er Hanno, der wie immer vor der Johanneskirche auf ihn wartete. Von dort gingen sie dann gemeinsam zum kleinen Häuschen des alten Gärtners. Zum Häuschen von »Löwenzahn«, wie sie ihn liebevoll nannten. Sein rundes, freundliches Gesicht mit dem weißen Bart strahlte immer so fröhlich wie ein Löwenzahn, fanden sie. Bis zum Herbst hatte er den Schulgarten bestellt und gepflegt, nun war er zu alt für diese Arbeit.

»Kommt rein, ihr drei«, begrüßte er sie gut gelaunt. »Trinkt 'ne Tasse Milch mit mir. Hab' sie gerade warm gemacht. Die kleine Katharina wartet schon.«

Katharina war eine seiner Enkelinnen. Sie spielte morgens gerne mit dem Kater und passte auf ihn auf, während Nikolaus wie alle anderen Schüler in der Kirche war. Sie kam sofort angelaufen, als sie die drei hörte, und nahm Balthasar auf den Arm.

Nikolaus fühlte sich etwas besser, als er mit Hanno und anderen Schülern durch das breite Portal der Johanneskirche ging. Die kurze Unterhaltung mit Löwenzahn und die warme Milch hatten ihm gut getan.

Er war gerne in dieser Kirche, obwohl es jetzt im Winter dort eiskalt war. Sie war so riesengroß, dass er sich immer ganz klein vorkam. Aber trotzdem fühlte er sich hier geborgen.

Er liebte die Gesänge der Priester und freute sich über das warme, flackernde Licht der vielen Kerzen. Immer wieder blickte er nach oben, in dieses unendlich hohe Gewölbe, bis ihm von diesem Anblick fast schwindelig wurde. Und er liebte den Duft von Weihrauch. Weihrauch war sicher sehr kostbar und wohl zu schade für die Schüler bei ihrer täglichen Morgenandacht. Weihrauch gab es leider nur an Sonn- und Feiertagen.

Nikolaus und die Schüler seiner Klasse saßen in den Bänken rechts des Mittelgangs. Alle jungen Schüler saßen dort, die großen waren auf der linken Seite.

»Wetten, dass ich weiß, wo die Sonne beim Sonnenaufgang durch das Fenster scheint und wo genau sie dann auf die Wand trifft«, sagte Nikolaus und sah Hanno herausfordernd an. Er hatte seine Hände unter die Achseln geklemmt, um sie etwas aufzuwärmen.

»Ich glaub's dir auch so«, sagte Hanno, »gegen dich wette ich bei solchen Sachen nicht mehr.«

»Ruhe, da drüben«, zischte eine böse Stimme.

»Vorsicht, die Fledermaus kommt«, flüsterte Hanno kaum hörbar.

Mit schnellen Schritten und wehendem schwarzen Talar kam ein Novize* auf sie zugeflogen. Seine Aufgabe war es, vor dem Beginn der Morgenandacht für Ruhe zu sorgen. Merkwürdigerweise war er aber immer der Einzige, der wirklich laut war.

»Keiner redet hier auch nur ein Wort. Habt ihr das verstanden?«, ereiferte er sich lautstark.

Er blickte in höchst erstaunte Gesichter.

Die Fledermaus versuchte den Bösewicht mit scharfen Blicken ausfindig zu machen. Vergeblich. Als lautes Husten auf der anderen Seite des Kirchenschiffs zu hören war, eilte der Novize davon. Erneut hallte seine Stimme durch die riesige Kirche.

»Die Grenze zwischen Sonne und Schatten wird genau in der Mitte der Figur des heiligen Johannes des Täufers sein«, flüsterte Nikolaus nach einer kurzen Weile. »Seine rechte Hälfte wird in der Sonne sein, seine linke im Dunkeln.«

»Verstanden«, antwortete Hanno, genauso leise wie Nikolaus.

Plötzlich fing die Orgel an zu spielen. Die Morgenandacht begann. Sechs Messdiener in weißen Gewändern verließen die Sakristei und gingen in Zweierreihen in Richtung Altar. Jeder hielt eine große brennende Kerze in seiner rechten Hand. Hinter ihnen ging der Schulleiter, Hubertus Porticus, wie immer in einen schwarzen Umhang gehüllt, der mit einem schmalen grünen und roten Streifen eingefasst war. Als letzter folgte der Priester in einem grünen Messgewand.

Nikolaus liebte Orgelmusik. Vor kurzem war eine zweite, noch größere Orgel eingebaut worden. Mit vielen kleinen und einigen riesengroßen silbernen Pfeifen. Die Musik dieser neuen Orgel durchdrang und überstrahlte alles. Die Töne der Orgel ließen seinen Körper vibrieren. Sie tosten, brausten und dröhnten durch die ganze Kirche. Sie füllten jeden Winkel dieses riesigen Kirchenschiffes aus. Von den Grabplatten im Steinfußboden bis hinauf in das himmelhohe Gewölbe. Diese Orgelmusik war einfach unbeschreiblich.

Nikolaus nahm sich fest vor, heute während der Predigt besonders gut aufzupassen. Es konnte gut sein, dass Herr Porticus die Predigt hielt. Das war keine Seltenheit. Meistens war Nikolaus bei Predigten nicht sehr aufmerksam. Er hörte oft nur die ersten Sätze und war dann mit seinen Gedanken ganz woanders. Es kam auch vor, dass ihm während der Predigt die Augen zufielen, wenn er nachts nicht gut geschlafen hatte. Heute durfte ihm das nicht passieren. Auf gar keinen Fall. Vielleicht würde der Schulleiter ihn später fragen, was er von der Predigt verstanden hatte. Dann wäre es bestimmt gut, wenn er eine vernünftige Antwort geben könnte.

»Meine lieben Schüler. Wir sind heute Morgen hier zusammengekommen...«

Nikolaus' Blick wanderte zu den bunten Fensterscheiben hinter dem Altar. Jetzt konnte es nicht mehr lange dauern, bis die Sonne die ersten Strahlen durch das Glas auf die Backsteine schräg gegenüber und auf die Figur des heiligen Johannes werfen würde.

»...und natürlich habt ihr schon einiges gehört von...«

An jedem Morgen wanderten die Strahlen ein wenig weiter in Richtung des Altars. An jedem Tag ging die Sonne ein wenig später auf. Bis zum 21. Dezember würde dies so bleiben. Er versuchte Hanno ein Zeichen zu geben, dass auch er jetzt das Fenster und die Figur des heiligen Johannes genau beobachten sollte. Aber Hannos Augen waren geschlossen. Ob er sich auf diese Weise auf die Predigt konzentrierte oder eingeschlafen war, konnte Nikolaus nicht feststellen.

»...er war Fischer gewesen, wie Petrus, bevor er ...«

Nikolaus berührte Hanno vorsichtig am Ellenbogen. Hanno erschrak, fuhr mit einer Hand mehrmals durch seine krausen blonden Haare und blickte unsicher um sich.

»Die Sonne«, flüsterte Nikolaus und machte eine kleine Bewegung mit dem Kopf in Richtung Johannesstatue.

Hanno rieb sich die Augen und nickte Nikolaus vorsichtig zu.

»...und wie andere auch konnte er sich am Anfang nicht vorstellen...«

Nikolaus lächelte zufrieden. Die ersten Sonnenstrahlen trafen genau ins Ziel. Sie spalteten den heiligen Johannes von oben bis unten in zwei Hälften. Er hatte es gewusst.

Aber er hatte noch immer keine Ahnung davon, wie es funktionierte. Wie und warum die Sonne und der Mond so durch das All liefen, wie sie es taten. Mal früher, mal später, mal weiter links, mal weiter rechts. War es in jedem Jahr so oder änderte sich auch das? Gab es Menschen, die das alles schon herausgefunden hatten? Schade, dass er damals mit seinem Vater nicht darüber gesprochen hatte. Damals, als sie mit dem Schiff nach Danzig und dann nach…

»…und wenn euch jemand fragen sollte, wie das damals war, dann könnt ihr es ab heute ganz genau erzählen. Amen.«

Nikolaus erschrak fürchterlich, als er den letzten Satz der Predigt vernommen hatte. Er hatte nicht aufgepasst! Er hatte sich wieder von der Sonne ablenken lassen! Er wusste noch nicht einmal, über was der Schulleiter gesprochen hatte. Vielleicht hatte ja Hanno einen Teil mitbekommen. Wenn nicht, dann war er verloren. Vielleicht könnte er noch Lukas fragen oder auch Bertram und Friedrich. Die würden ihm sicher helfen, wenn sie aufgepasst hatten.

Das Vaterunser, das sie wie immer in lateinischer Sprache beteten, und den Segen des Priesters am Ende der Morgenandacht bekam er nur noch halb mit. Ihm war schlecht vor Angst vor dem, was ihn an diesem Vormittag erwarten würde.

Er holte Balthasar vom Gärtner ab und ging gemeinsam mit Hanno den kurzen Weg bis zu ihrer Schule. Hanno konnte ihm wenigstens sagen, dass die Predigt über Johannes war. Aber über welchen der beiden Johannes*, die Namensgeber dieser Kirche waren, wusste er nicht. Das war nicht viel. Nikolaus musste sich unbedingt beeilen, um noch mehr über die Predigt zu erfahren, bevor es zu spät war.

Gregor, der Kastellan* der Schule, stellte sich ihnen in den Weg, als sie die Treppe zur Eingangstüre hochgehen wollten. Balthasar war an ihm vorbeigehuscht und saß schon oben vor der Türe.

Gregor sah wie immer zum Fürchten aus. Über sein Gesicht liefen zwei lange Narben, eine schmutzige Augenklappe verdeckte eine leere Augenhöhle. Ein paar dünne graue Haarsträhnen hingen von seinem fast kahlen Schädel auf seine Schulter herab. Unter den Schülern ging das Gerücht, er sei früher Soldat gewesen und habe an vielen Schlachten teilgenommen.

»Bleib steh'n, wenn ich mit dir rede, Kopernikus!« Hanno beachtete er überhaupt nicht. Gregors Mund verzog sich zu einem schiefen Grinsen.

»Ich soll dir sagen, dass der Rektor dich nach der vierten Stunde sehen will. Ich hoffe, er wird dich ordentlich durchprügeln, du freches Bürschchen.«

Sein anschließendes Gelächter ging Nikolaus durch Mark und Bein.

»Und noch etwas, Kopernikus.«

Gregor beugte sich so weit nach vorne, bis sein Kopf direkt vor Nikolaus' Gesicht war. Sein Auge sah ihn eiskalt an.

»Nur damit du es genau weißt. Ich hasse deinen Kater. Er ist schwarz wie der Teufel und hat den bösen Blick. Er ist bestimmt von einer Hexe verzaubert worden.«

Nikolaus machte zwei schnelle Schritte nach links und lief die Treppe hinauf.

»Pass gut auf ihn auf, Kopernikus, denn wenn ich ihn erwische, dann lasse ich ihn verschwinden«, rief er ihm hinterher. »Auf Nimmerwiedersehen. Darauf kannst du Gift nehmen.«

Nikolaus rannte die Treppe hoch zu seiner Klasse, ohne nach links und rechts zu sehen. Die Predigt und das Treffen mit dem Rektor waren ihm jetzt völlig egal. Er hatte nur einen Gedanken: Er musste Balthasar beschützen. Er wusste, Gregor meinte, was er sagte. Denn Gregor war böse und hinterhältig.

Schwierige Schwerkraft

»Ich hab' alles genau gehört. Ihr werdet's nicht glauben«, schrie Hanno aufgeregt, als er in die Klasse kam. Seine Stimme zitterte. Sein Gesicht war weiß wie die Wand.

Sofort drehten sich alle anderen Schüler um und sahen ihn gespannt an. Nikolaus hatte sich wortlos auf seinen Platz gesetzt. Balthasar lag auf seinem Schoß und wurde von ihm gestreichelt.

»Gregor, das Scheusal, hat gesagt, dass er Balthasar umbringen wird. Und er meinte das völlig ernst«, berichtete Hanno.

Alle Schüler sahen ihn entsetzt an. Eine Weile war es völlig still. Schließlich sagte Lukas: »Das müssen wir verhindern. Wir alle zusammen.«

Alle Schüler nickten ernsthaft. Es war ihnen allen sofort klar, dass dies ihre gemeinsame Aufgabe war. Ganz automatisch gingen alle zu Nikolaus' Bank. Viele Hände streichelten Balthasar.

Für Nikolaus war das eine neue Erfahrung. Er war nicht der beliebteste Schüler der Klasse. Bei weitem nicht. Einige seiner Mitschüler waren neidisch auf ihn, weil er sehr gut in der Schule war. Andere fanden ihn seltsam, weil er oft Fragen stellte, die sie absurd oder lächerlich fanden. Und die sie oft gar nicht verstanden. Sie hatten es immer wieder erlebt, dass diese Fragen auch die Lehrer aus der Fassung brachten.

Es tat Nikolaus gut, dass alle seine Mitschüler so eindeutig zu ihm hielten.

»Danke«, sagte er erleichtert.

»Wir müssen das organisieren«, sagte Friedrich und überlegte einen Augenblick. »Die größte Gefahr ist das Mittagessen«, fuhr er fort. »Gregor bleibt immer nur, bis er mit dem Essen fertig ist, dann verschwindet er wieder. Und Balthasar ist während der ganzen Mittagspause alleine auf dem Schulhof. Das muss sich ändern. Ab heute.«

»Und wenn Nikolaus heute zum Rektor muss, darf Balthasar nicht frei herumlaufen«, sagte Hanno. »Das ist während einer der beiden Stunden von Bruder Severus.«

»Mann, hast du ein Schwein«, seufzte Eberhard.

»Wir passen auf Balthasar auf, wenn du weg bist«, sagte Bertram, ohne auf Eberhard zu antworten. »Er bleibt einfach bei uns in der Klasse.«

»Gut«, sagte Friedrich, »aber wir müssen noch ganz genau überlegen, wie es weitergehen soll. Wir müssen ab heute nicht nur Balthasar, sondern auch Gregor immer im Auge behalten. Am besten reden wir nach dem Essen darüber. Dann ist immer etwas Zeit.«

»Er kommt«, rief Mathias und setzte sich auf seinen Platz.

»Und vergesst nicht, viele Fragen zu stellen«, erinnerte sie Lukas, »Physik ist ab heute unser Lieblingsfach. Das muss auch Lukullus merken.«

Bruder Lambertus betrat den Raum, machte die Türe hinter sich zu und ging grinsend zu seinem Stuhl. Er war ganz offensichtlich bester Laune. Er legte sein Buch auf den Tisch und kramte in seinen Taschen. Er holte nach und nach mehrere Dinge heraus und legte sie auf das Pult: einen roten Apfel, ein Messer, ein kurzes Seil, einen Angelhaken, drei Nägel und einen Kerzenstummel. Er fühlte anschließend noch einmal alle Taschen seiner weiten Mönchskutte sorgfältig nach weiteren Gegenständen ab und schüttelte ab und zu seinen Kopf. Aber das, was er eigentlich suchte, fand er nicht. Ohne Eile ließ er schließlich alles wieder in seinem braunen Gewand verschwinden. Bis auf den Apfel und das Messer.

»Na, Stupidus Maximus*, wie geht es dir heute?«, fragte er Eberhard und grinste ihn freundlich an.

Eberhard grinste freundlich zurück. Er hatte offensichtlich nichts dagegen, dass Bruder Lambertus ihn schon seit langem so anredete.

»Noch ziemlich gut«, antwortete Eberhard. Er wagte es aber nicht zu sagen, dass er sich noch viel besser fühlen würde, wenn Bruder Lambertus ihm seinen Apfel schenken würde. Dieser Apfel lag rot und verführerisch groß mitten auf dem Lehrerpult.

»Dann will ich mal dafür sorgen, dass es dir heute noch viel besser geht«, sagte Bruder Lambertus.

Für einen kurzen Augenblick dachte Eberhard, ein Wunder sei geschehen.

»Und allen anderen natürlich auch«, fuhr Bruder Lambertus fort. »Ich will euch eine Freude machen, Jungs. Heute werdet ihr Fragewörter kennen lernen. Ihr stellt doch so gerne Fragen, oder zumindest einige von euch. Also habe ich euch heute – endlich – alle Fragewörter mitgebracht, die es im Lateinischen überhaupt gibt. Ihr braucht mir dafür nicht zu danken, ich tue es gerne«, sagte Bruder Lambertus und wusste, dass seine Worte für die Schüler wie eine Bedrohung klingen mussten. Er nahm auf dem Lehrerstuhl Platz.

»Ich will aber gar keine Fragen stellen, ehrlich«, sagte Eberhard ohne sich zu melden. »Als Stupidus Maximus braucht man solche Fragewörter wirklich nicht. Ich habe schon mit Antworten die allergrößten Schwierigkeiten.«

Wenn Schüler im Unterricht etwas ungefragt sagten, konnte Bruder Lambertus das überhaupt nicht leiden. Das machte ihn richtig wütend. Heute aber nicht. Er musste wirklich sehr gute Laune haben.

Und dann begann der Lateinunterricht. Bruder Lambertus hatte ein diebisches Vergnügen daran, ein Fragewort nach dem anderen aus dem Ärmel zu zaubern. Seine Schüler fingen an zu stöhnen und ihre Augen zu verdrehen, als er immer und immer wieder ein neues Fragewort nannte. Mit diesen Fragewörtern mussten sie dann Fragen stellen, die sie überhaupt nicht interessierten. Eberhard hatte schon beim zweiten Fragewort Probleme, sich an das erste zu erinnern. Nikolaus hörte nur halb zu. Er hatte heute ganz andere Sorgen. Nur einer blieb die ganze Stunde über gut gelaunt: Bruder Lambertus.

Alle Schüler seufzten vor Erleichterung, als sie die Glocke erlöste. Die Stunde war endlich zu Ende.

Es dauerte ein paar Minuten, bis Bruder Lambertus für die nächste Stunde bereit war. Er zog zuerst sein großes rotweiß kariertes Taschentuch aus seiner Kutte. Dieses Taschentuch war seinen Schülern bestens bekannt. Er brachte darin Dinge mit zur Schule, die er für seinen Unterricht benötigte. Oder für sich selbst, weil er oft Hunger hatte.

Er legte das Taschentuch auf seinen Tisch und entfaltete es. Zum Vorschein kamen ein Stein, eine Feder und ein kleines Stückchen Holz.

Wortlos nahm Bruder Lambertus den Stein in seine rechte Hand, hob ihn in die Höhe und ließ ihn fallen. Polternd fiel er wenige Augenblicke später auf den Holzfußboden. Dann nahm er das Stück Holz und ließ es fallen. Anschließend ebenso wortlos die kleine graue Vogelfeder und sein kariertes Taschentuch.

Seine Schüler sahen interessiert zu. Mathias meldete sich.

»Ja, Mathias?«

»Möchten Sie auch noch meine Murmeln fallen lassen?«

»Meinetwegen. Her damit!«

Mathias legte fünf graue Murmeln in seine Hand und ging zurück zu seinem Platz. Noch bevor er ihn erreichte, schlugen sie hinter seinem Rücken klackend und klöternd auf dem Boden auf und kullerten in alle Richtungen davon.

»Eberhard, was willst du?«

»Ich könnte mich auf den Tisch stellen und mich fallen lassen. Darf ich?«

»Von mir aus. Aber zieh dir vorher deine Schuhe aus«, antwortete Bruder Lambertus nach kurzem Zögern.

Als er wenig später seine schmutzigen Strümpfe auf seinem Pult sah und die schwarzen Zehen, die aus mehreren Löchern herausragten, bereute er seine Entscheidung. Aber es war zu spät. Eberhard grinste seine Mitschüler an. Er freute sich über so viel Aufmerksamkeit.

»Los!«, kommandierte Bruder Lambertus.

Eberhard wartete noch einen Moment, dann sprang er nach vorne, flatterte mit seinen Armen, als seien sie Flügel, und krähte wie ein Hahn. Als er auf dem Boden aufgekommen war, krähte und flatterte er weiter und schaffte noch zwei Runden um das Lehrerpult, bevor Bruder Lambertus ihn am Kragen packte und ordentlich schüttelte. Seine Mitschüler klatschten vor Begeisterung.

»Schluss jetzt«, sagte Bruder Lambertus nicht mehr ganz so gut gelaunt, »nimm deine Schuhe und setz dich auf deinen Platz!«

»So, nun seid ihr dran«, forderte Bruder Lambertus seine Schüler auf. »Beschreibt, was ihr gesehen habt.«

Sie zögerten. Sie wussten nicht genau, was Bruder Lambertus hören wollte.

Mathias traute sich als Erster. »Sie haben was auf den Boden fallen lassen. Da liegt es jetzt immer noch«, sagte er und grinste etwas verlegen.

»Stimmt. Ist das alles? Andreas, was meinst du?«

»Einiges fiel langsamer als andere Dinge. Die Feder brauchte die meiste Zeit«, gab er zur Antwort.

»Richtig, Andreas. Was meinst du, Friedrich?«

»Alles flog gerade herunter, nur Eberhard nicht, weil er nach vorne sprang.«

»Gut beobachtet, Friedrich.«

Bruder Lambertus machte eine kurze Pause und stellte eine neue Frage.

»Warum fielen die Gegenstände senkrecht nach unten, was meint ihr?«

Seine Schüler wunderten sich über die Frage. Was sollten sie denn sonst machen? Vielleicht ein oder zwei

Runden um das Pult drehen wie Eberhard, bevor sie landeten? Blöde Frage!

»Na, keine Idee?«, fragte Bruder Lambertus noch einmal.

»Was sollen die denn sonst tun?«, sagte Lukas fast etwas vorwurfsvoll, »das ist doch bei allen Dingen gleich. Alles fällt runter.«

»Stimmt«, sagte Bruder Lambertus. »Woran könnte das liegen?«

Schon wieder so eine dumme Frage. Das war eben so. Das konnte man nicht erklären. Alle Schüler dachten das Gleiche. Keiner traute sich, etwas zu sagen, bis auf Eberhard:

»Vielleicht ist da was im Boden, das alles runterzieht, was über dem Boden ist. Irgend so ein starker Geist oder ein Monster, das wir gar nicht sehen.«

Alle Schüler fingen an zu kichern oder schlugen mit ihren Händen vor Vergnügen auf ihr Pult. Eberhard war und blieb ein Dummkopf!

»Stimmt genau, Eberhard«, sagte Bruder Lambertus in aller Ruhe. Auch Eberhard sah verblüfft aus. »Diese Kraft heißt Schwerkraft oder Erdanziehungskraft. Man kann sie nicht sehen, aber sie ist da. Überall auf der Erde, auch im Wasser.«

Eine Weile waren alle Schüler still und wunderten sich.

»Wie ist das, wenn man in unserer Stadt auf einen Kirchturm klettert und von dort einen Stein fallen lässt? Kommt er unten an? Ist das Monster dafür stark genug?«, wollte Simon schließlich wissen.

»Natürlich«, sagte Bruder Lambertus.

»Und wenn man sich vorstellt, dass jemand drei Kirchen übereinander bauen würde. Oder vielleicht sogar fünf, fällt der Stein dann immer noch nach unten oder bleibt er irgendwo in der Luft kleben?«, fragte Peter etwas atemlos.

Alle Schüler sahen Bruder Lambertus erwartungsvoll an und waren gespannt, was er sagen würde.

Bruder Lambertus lächelte freundlich und sagte: »Natürlich kommt er unten an.«

»Oder wenn einer 10 oder 100 Kirchen übereinander baut«, mischte sich Mathias ein. »Was ist dann? Fällt der Stein dann runter oder fliegt er nach oben?«

Bruder Lambertus war sich nicht sicher, was er sagen sollte. Aber alles andere als die gleiche Antwort würde zu neuen Fragen führen. Und die würde er dann mit Sicherheit nicht beantworten können. Also versuchte er, möglichst überzeugend auszusehen und sagte mit fester Stimme:

»Es spielt keine Rolle, wie viele Kirchen man übereinander baut. Der Stein kommt immer auf der Erde an.«

»Das kann man doch gar nicht wissen«, antwortete Mathias etwas altklug, »100 Kirchen hat ja noch niemand übereinander gebaut.«

Was war denn das? Hatte Mathias gerade eben gesagt, dass er, dass sein Lehrer das gar nicht wissen könne? Dieser freche Knirps! Das konnte und wollte sich Bruder Lambertus nicht gefallen lassen.

»Mathias, hör genau zu! Auch wenn du 1000 Kirchen und noch einmal 1000 Kirchen übereinander stapeln würdest, der Stein kommt unten auf dem Boden an. So sicher wie das »Amen« in der Kirche. Das liegt an der Schwerkraft. Basta! Schluss mit dieser Diskussion!«

Mathias zuckte zurück und wirkte eingeschüchtert.

Doch die Idee von den vielen Kirchen übereinander und dem fallenden Stein hatte Nikolaus' Neugierde geweckt. Eigentlich hatte er sich vorgenommen, heute bei Lukullus keine Fragen zu stellen. Aber nun ging es doch nicht anders.

»Nikolaus, was möchtest du?«, fragte Bruder Lambertus äußerst höflich und ruhig. Bruder Lambertus nahm sich vor, das Thema möglichst bald endgültig zu beenden.

»Ich überlege gerade, wie hoch der höchste Kirchturm in unserer Stadt ist«, sagte Nikolaus mit nachdenklicher Stimme. »Vielleicht so ungefähr 100 bis 150 Meter?*«

»Warum ist das wichtig?«, fragte Bruder Lambertus mit entspannter Stimme.

»Wenn man das weiß, dann kann man ausrechnen, wie hoch 1000 Kirchen und noch einmal 1000 Kirchen übereinander gestapelt sind. Bei 100 oder 150 Meter wären es dann 200 Kilometer oder 300 Kilometer in den Himmel hinauf. Ganz schön hoch dieser Kirchenturm«, sagte er kichernd, »ich möchte nicht von dem Stein getroffen werden, der aus dieser Höhe runter fällt.«

»Ist das alles, was du sagen willst?«, fragte Bruder Lambertus etwas genervt. Auch weil er bemerkte, dass die anderen Schüler anfingen, albern zu werden. Sie blickten steil nach oben, taten so, als ob sie Steine mit den Augen verfolgten, die zur Erde fielen, und duckten sich, wenn sie unten aufschlugen.

»Nein«, sagte Nikolaus. »Ich wüsste gerne, wie weit der Mond von der Erde entfernt ist.« Er blickte seinen Lehrer direkt an.

Bruder Lambertus fing an zu stottern. »So genau kann ich das nicht sagen. Aber weiter als 200 oder 300 Kilometer auf jeden Fall. Ich werde zu morgen in einem Buch nachsehen und es dir berichten«, sagte er und glaubte, das Thema damit beendet zu haben. Er hob sein Taschentuch vom Boden auf und trocknete sich die Stirn ab.

»Meine eigentliche Frage ist«, fuhr Nikolaus in aller Seelenruhe fort, »warum der Mond nicht von der Schwerkraft angezogen wird und auf die Erde knallt, wie der Stein, der von den 2000 gestapelten Kirchen runter fällt.«

Im Nu war es mucksmäuschenstill.

Bruder Lambertus hielt sich mit seiner linken Hand an seinem Tisch fest, um nicht das Gleichgewicht zu verlieren. Mehrmals öffnete sich sein Mund, aber mehr passierte nicht.

»Vielleicht«, sagte er nach einer ganzen Weile und räusperte sich mehrmals. »Vielleicht ist der Mond zu weit entfernt von der Erde, so dass die Schwerkraft nicht mehr genügend Kraft hat.«

»Ja, vielleicht«, fuhr Nikolaus fort, ohne abzuwarten, ob er etwas sagen durfte. Atemlos warteten die anderen Schüler, wie Nikolaus reagieren würde.

»Vielleicht. Aber der Mond ist natürlich viel schwerer als so ein Stein. Deshalb müsste er von der Schwerkraft doch viel stärker angezogen werden als so ein kleiner Stein. Denke ich mal. Glauben Sie, dass der Mond irgendwann auf die Erde knallt und die Erde dabei zerstört, oder dass der Mond dabei in das All zurückgeschleudert wird? Wie Sonnenstrahlen, die auf einen Spiegel treffen und dann an die Wand geworfen werden?«

»Humbug!«, sagte Bruder Lambertus. Sein Gesicht wurde von einer Sekunde zur anderen krebsrot.

»H U M B U G!!«, wiederholte er noch einmal und spuckte dieses Wort förmlich in Nikolaus' Richtung. »Lies die Bibel! Da steht alles drin, was du wissen musst.«

Bruder Lambertus war außer sich. Er lief aufgeregt zu Nikolaus' Platz und schrie ihm ins Gesicht:

»Die Sterne, die Sonne, der Mond, die Erde, die sind dort, wo sie hingehören. So wie Gott sie geschaffen hat. Und dort bleiben sie auch. Wegen des bisschen Schwerkraft stürzt kein Mond auf die Erde. So ein Unsinn. Nur weil ein Nikolaus Kopernikus so verrückte Ideen in seinem Kopf hat, stürzen keine Monde auf die Erde oder verändern sich die Wege der Sterne im Himmel. Du bist nichts weiter als ein ‚Hans-guck-in-die-Luft'. Du hast nur heiße Luft im Kopf, sonst nichts!«

Bruder Lambertus kehrte zu seinem Pult zurück, nahm den Apfel und schälte ihn mit seinem Messer. Das dauerte länger als gewöhnlich. Seine Hände zitterten. Nikolaus würdigte er keines Blickes mehr. Mit diesem Verrückten würde er sich nicht mehr unterhalten.

»Laudetur Jesus Christus«*

Nikolaus klopfte an die Türe. Sein Herz schlug bis zum Hals. Nach einer Weile hörte er eine Stimme.

»Herein!«

Vorsichtig öffnete er die Türe und zog sie geräuschlos hinter sich zu. Er sah zu Herrn Porticus hinüber, der hinter einem großen Holztisch saß. Herr Porticus trug seinen schwarzen Umhang und war in seine Arbeit vertieft. Bücher und Papierrollen lagen über den ganzen Tisch verstreut. Zwei Kerzen verbreiteten ein schwaches Licht in dem kleinen Raum.

»Laudetur Jesus Christus«, sagte er, ohne den Blick von dem Blatt abzuwenden, auf dem er gerade schrieb.

»Amen«, antwortete Nikolaus.

Nikolaus blieb, wo er war. Sein Schulleiter würde ihm schon sagen, wann er Zeit für ihn hätte.

Alles war unverändert geblieben in diesem Raum seit dem Herbst des vergangenen Jahres, als er zuletzt hier war. Damals ging es um Balthasar, der ihm auch in die Schule nachlief. Einige Lehrer und vor allen Dingen Gregor hatten sich damals beim Schulleiter darüber beschwert. Das war kurz nachdem sein Vater gestorben war. Nikolaus hatte Herrn Porticus erzählt, wie er den Kater gerettet hatte und dass er seit jenem Tag nicht mehr von seiner Seite wich.

»Du hast ihm das Leben gerettet, Nikolaus«, hatte er damals zu ihm gesagt. »Und deshalb bist du jetzt für ihn verantwortlich. Auch in unserer Schule. Aber pass bitte auf, dass er hier keinen Unfug macht.« An diesem Tag war er zum ersten Mal seit dem Tod seines Vaters wieder glücklich gewesen.

»Komm zu mir, damit ich dich sehen kann«, sagte Herr Porticus, der immer noch nicht aufblickte.

Nikolaus trat näher heran, bis er den Stuhl erreichte, der direkt vor dem Tisch stand.

Endlich legte der Schulleiter den Federkiel auf den Tisch und richtete seinen Blick auf Nikolaus.

»Warum bist du hier, Nikolaus?«, fragte er mir ruhiger Stimme.

»Bruder Lambertus schickt mich, werter Herr. Ich soll bestraft werden.«

Nikolaus senkte seinen Kopf und streckte seine rechte Hand nach vorne. Die Handfläche zeigte nach oben.

Nikolaus wartete auf das Rascheln des Talars, auf das Geräusch des Rohrstocks, der pfeifend durch die Luft sauste, auf den brennenden Schmerz in seiner Hand. Aber es passierte nichts. Nur die beiden Kerzen flackerten und warfen zuckende Schatten an die Wände und auf den Boden.

Als Nikolaus die Spannung nicht mehr ertragen konnte, hob er seinen Kopf. Hubertus Porticus saß noch immer auf seinem Stuhl und betrachtete ihn. In seinen Händen befand sich kein Stock. Auch nicht auf dem Tisch vor ihm.

»Was ist passiert, Nikolaus?«, fragte er mit der gleichen ruhigen Stimme.

Nikolaus blickte seinen Schulleiter ungläubig an. Wurde er etwa nicht geschlagen? Er zog seine Hand langsam wieder zurück und räusperte sich.

»Es hat damit angefangen, dass ich wissen wollte, warum ich im Winter friere. Warum es im Winter kälter ist als im Sommer.«

Und dann erzählte Nikolaus in allen Einzelheiten die Geschichte vom Kürbis, dem Apfel, der Birne und den Nüssen. Aber auch, dass er nach der Unterrichtsstunde immer noch nicht wusste, warum es im Winter so viel kälter war. Das hatte Bruder Lambertus dann sehr wütend gemacht. Und natürlich auch, weil er, Nikolaus, immer wieder solche Fragen stellte.

So wie heute, fuhr er fort. Bruder Lambertus hatte ihnen erklärt, dass es eine Schwerkraft gibt, die alles anzieht. Auch einen Stein, der von 2000 übereinander gestapelten Kirchen geworfen wird. Da wollte er, Nikolaus, eigentlich nur wissen, ob der Mond wegen der Schwerkraft auf die Erde prallen könnte. Diese Frage hatte ihm Bruder Lambertus dann aber wieder sehr übel genommen.

»Kein Wunder, dass Bruder Lambertus völlig durcheinander ist, wenn du solche Fragen stellst«, sagte Herr Porticus, als Nikolaus seinen Bericht beendet hatte.

Nikolaus glaubte zu erkennen, dass ein kleines Lächeln über sein Gesicht huschte.

»Das, was du von Bruder Lambertus wissen willst, ist ja auch ganz schön kompliziert. Die allermeisten Menschen könnten auf diese Fragen keine vernünftigen Antworten geben. Ich wahrscheinlich auch nicht.«

Er dachte einen Augenblick nach und fuhr dann fort.

»Was weißt du über unser Universum, Nikolaus? Über die Sonne, den Mond und die Sterne?«

»Viel zu wenig«, sagte er und erzählte seinem Schulleiter von seinen nächtlichen Mondbeobachtungen durch die Dachluke und von den Sonnenaufgängen, die er in diesen Tagen durch die Fenster der Johanneskirche verfolgte. Er erwähnte auch, dass er inzwischen sehr genau vorhersagen könne, wann und wo der Mond und die Sonne aufgehen würden. Und dass Hanno, sein Freund, mit ihm keine Wetten mehr zu diesem Thema eingehen würde, weil er keine Chance hätte, zu gewinnen.

Herr Porticus sah ihn lange schweigend an.

»Ich werde sehen, was ich für dich tun kann, Nikolaus«, sagte er schließlich und lächelte. »Dafür stellst du aber Bruder Lambertus in den nächsten Stunden keine so schwierigen Fragen mehr. Abgemacht?«

Nikolaus konnte sein Glück kaum fassen. Er ging wie auf Wolken zur Türe, drehte sich noch einmal um und sagte:

»Laudetur Jesus Christus.«

»Amen«, erklang es hinter dem Schreibtisch.

Als er die Türe leise schloss, hörte er, wie der Gänsekiel wieder über das Papier kratzte.

Der Ostwind

Sie waren auf dem Schulhof, hinter dem Geräteschuppen. Niemand sollte sie vom Schulgebäude aus sehen können. Vor allen Dingen Gregor nicht.

Nikolaus saß auf einem alten Hackklotz und aß Brot und geräucherten Fisch. Das war das Mittagessen, das sie ihm mitgebracht hatten. Seine Mitschüler standen im Halbkreis vor ihm. Balthasar turnte im Haselnussstrauch herum, der an einer Ecke des Schuppens wuchs.

»Wie machen wir das mit Gregor?«, wollte Friedrich wissen, »wer hat eine Idee?«

Niemand antwortete sofort. Die Sache war nicht einfach.

»Wir können ihn natürlich nicht rund um die Uhr bewachen, das ist klar«, sagte Johann nach einer Weile.

Johann war etwas kleiner als viele seiner Mitschüler, mit Sommersprossen im Gesicht und blonden Haaren. Wenn er sich bewegte, hörte man fast immer das Klick-Klack der Murmeln in seinen Taschen, die gegeneinander stießen. Er war der geschickteste Spieler der Klasse und besaß die meisten Kugeln.

»Aber vor dem Unterricht können wir beobachten, was er macht. Auch in den Pausen und nach dem Unterricht.«

»Richtig«, fuhr Hanno fort. »In den beiden Pausen macht einer von uns einen Rundgang. An Gregors Kammer vorbei, durch die Flure und auf dem Hof. Wenn das immer ein anderer von uns macht, dann wird das Gregor überhaupt nicht auffallen.«

Alle nickten.

»Aber es muss völlig klar sein, wer dran ist«, sagte Bertram. »Am besten gehen wir nach dem Alphabet vor. Kennt jeder das Alphabet?«

Bertram blickte prüfend in die Runde. Eberhard und Mathias meldeten sich zögernd.

»Ich bin mir nicht immer ganz sicher«, sagte Mathias und grinste.

»In Ordnung«, antwortete Bertram, »dann geben wir euch beiden Bescheid, wann ihr dran seid.«

»Ich bin heute übrigens auf dem Weg zum Refektorium mit Absicht an Gregors Kammer vorbeigegangen«, sagte Simon und sah sich nach allen Seiten um. So, als befürchtete er, es könnte jemand mithören.

»Gregor stand davor und unterhielt sich mit einem langen dünnen Mann. Den habe ich hier noch nie zuvor gesehen. Der sah genau so widerlich aus wie Gregor selbst. Und sie kicherten richtig hämisch und schadenfroh. Ich bin mir sicher, die haben sich über Balthasar unterhalten.«

Alle sahen ihn erschrocken an.

»Dann müssen wir also auch auf den noch aufpassen«, sagte Friedrich schließlich.

»Und wer in der Mittagspause bei Balthasar auf dem Schulhof bleibt, der kriegt das Essen nach draußen gebracht. So wie Nikolaus heute. Wenn es Suppe gibt, müssen wir mit dem Koch reden. Irgendwas wird uns da schon einfallen. Einverstanden?«

Alle nickten.

»Wir brauchen unbedingt noch ein Signalwort. Wenn einer etwas Wichtiges gesehen hat und wir uns unbedingt in der kommenden Pause treffen müssen. Oder wenn Gefahr droht oder so etwas Ähnliches«, sagte Mathias, ohne zu grinsen.

»Nicht schlecht, Mathias. Das kann wichtig sein. Wer hat einen Vorschlag?«

»Schweinhundkatze«, sagte Eberhard ohne zu zögern.

»Passt«, meinte Hanno. Alle grinsten.

Friedrich schlug Eberhard anerkennend auf die Schulter.

»Abgemacht.«

»Warum gehst du nicht zum Schulleiter, Nikolaus, und erzählst ihm, was Gregor zu dir gesagt hat?«, fragte ihn Lukas.

»Er hat mir gerade eben bei Lukullus geholfen«, sagte Nikolaus. »Mit Gregor muss ich jetzt alleine fertig werden.« Er zögerte einen Augenblick und sah seine Mitschüler an.

»Damit müssen wir jetzt alleine fertig werden«, sagte er zu ihnen. Und alle nickten.

»Aber wir könnten zumindest mit Assisi reden. Der mag doch Tiere«, sagte Hermann, ein stiller, zuverlässiger Schüler, der sich nicht oft äußerte.

»Stimmt«, sagte Lukas, »das könnten wir wirklich tun.«

»Vielleicht morgen«, sagte Nikolaus und stand auf. »Komm, Balthasar, die Pause ist gleich vorbei! Wir gehen wieder rein.«

»Und nicht vergessen, Albrecht«, sagte Friedrich, als sie zusammen losgingen, »du bist in der Nachmittagspause dran. Und wer will, bleibt nach dem Unterricht noch ein bisschen vor der Eingangstüre stehen. Mal schauen, was Gregor macht.«

Alle waren rechtzeitig vor Unterrichtsbeginn zurück im Klassenraum. Bis auf Andreas. Der hatte es meistens nicht sehr eilig. Ganz im Gegensatz zu Bruder Severus, der jetzt bei ihnen unterrichten würde. Er stürmte immer mit so großen Schritten über die Flure, dass sich seine Mönchskutte hinten etwas anhob. Bei Zugluft sah er von weitem deshalb ein wenig aus wie eine Wetterfahne im Wind. Das war der eine Grund, warum er bei den Schülern »Ostwind« hieß. Der andere hatte mit der Temperatur zu tun, die er um sich herum verbreitete.

Sobald er nämlich einen Klassenraum betrat, wurde es im Raum spürbar kälter. Es wurde eisig. Jede Bewegung, jedes Grinsen, jedes Wort erstarb augenblicklich. Alle Schüler hatten spätestens jetzt wildes Herzklopfen und Angst, drangenommen zu werden. Sie duckten sich, blickten zur Seite oder rutschten etwas unter ihr Pult. Aber es half nichts. Zwei bis drei Schüler würde es pro Stunde treffen. Todsicher.

Bruder Severus musterte die Klasse. Er war im Begriff, den ersten Schüler aufzurufen, als die Türe leise geöffnet und wieder zugezogen wurde. Es war Andreas. Er hoffte, unbemerkt zu seinem Platz gehen zu können. Das war dumm. So etwas konnte bei Assisi klappen, vielleicht auch bei Lukullus, wenn er einen besonders guten Tag hatte. Aber niemals beim Ostwind.

»Wo kommt er jetzt noch her?«

Bruder Severus' Stimme donnerte durch den kleinen Klassenraum. Alle Schüler zuckten vor Schreck zusammen.

»Von den Latrinen«*, sagte Andreas kaum hörbar. Er war gelaufen und noch etwas außer Atem.

»Laut und deutlich sprechen! Wo kommt er jetzt noch her?«

Bruder Severus hatte den Grund der Verspätung bestimmt verstanden, aber er wollte Andreas nicht so schnell davonkommen lassen. Er hatte Spaß daran.

»Von den Latrinen«, wiederholte Andreas, nun für alle hörbar.

»Von den Latrinen, Bruder Severus, heißt es. Sonst ist es unhöflich. Wiederholen!«

»Von den Latrinen, Bruder Severus?«, wiederholte Andreas verunsichert.

»Warum stellt er mir diese Frage? Will er mich etwa auf den Arm nehmen?« Seine Stimme wurde schon wieder bedrohlich laut.

»Von den Latrinen, Bruder Severus. Ich bitte um Entschuldigung.«

»Das klingt schon besser«, sagte Bruder Severus. »Ich sehe, dass er seine Tat bereut. Zur Buße wird er hier und jetzt 25 Kniebeugen machen. Aber extra tiefe, wenn ich bitten dürfte, sonst werden es 50.«

Andreas war kein sportlicher Junge. Er hatte seine liebe Mühe, diese Aufgabe zu bewältigen. Heftig schnaufend und mit rotem Kopf durfte er sich anschließend auf seinen Platz setzen.

»Und nun zur griechischen Mythologie*. Zu einem wahren Helden, über den ich gestern berichtet habe. Auch er musste Buße tun wegen Missetaten, die er begangen hatte«, sagte Bruder Severus, wobei er etwas geringschätzig auf Andreas herabsah. »Von wem ist also die Rede, ...«

Bevor er die Frage vollendete, ließ er seinen Blick in aller Seelenruhe durch den Raum wandern. Alle Schüler hielten die Luft an. Keiner wagte es, ihn direkt anzuschauen.

»…Mathias?«

Mathias seufzte hörbar, murmelte so etwas wie »das war ja klar« und rang nach Luft. Dann schluckte er ein paar Mal und sagte halblaut:

»Das war Herakles.«

»Was weiß er über ihn?«

Mathias' Gedanken flogen hin und her. Seine Knie fühlten sich so weich und wabbelig an wie Quallen. Er hatte gestern einiges verstanden, aber nicht alles. Was sollte er nur sagen? Schließlich fasste er sich ein Herz.

»Herakles war ein sehr starker Mann. Dann musste er zu dem Orakel* gehen, der in Delphi wohnte. Und der Orakel hat ihm erzählt, was er machen musste. Herakles hatte nämlich mehrere Aufgaben zu erledigen, als Buße.«

»Es heißt nicht ‚der' Orakel, sondern ‚das' Orakel«, sagte Bruder Severus etwas gereizt. »Was ist ein Orakel, was tut ein Orakel?«

»Es spricht«, antwortete Mathias, ohne zu zögern. »Deshalb dachte ich, der Orakel ist so etwas Ähnliches wie mein Opa. Der sagt auch immer allen Leuten, was sie zu tun haben und auch was passieren wird, wenn sie es nicht tun. Er meint auch, er kann das Wetter vorhersagen. Und wenn es dann nicht so kommt, wie er es vorhergesagt hat, dann ist immer ein anderer schuld. Ich dachte…«

Mathias merkte nicht, wie sich Bruder Severus' Blick immer weiter verdunkelte, je länger er redete.

»Das ist ja bodenloser Blödsinn!«, unterbrach ihn Bruder Severus in eisigem Ton. »Er wird auch jeden Tag dümmer. Am besten bleibt er morgens im Bett, dann merkt es keiner. Setzen!«

Mathias plumpste erleichtert auf seine Bank. Er war erlöst. Zumindest für diese Stunde. So hoffte er.

»Wir machen mit der ersten Aufgabe des Herakles weiter. Friedrich, berichte!«

»Herakles musste den Löwen von Nemea töten. Dieser Löwe lebte im Tal von Nemea. Er war sehr gefährlich und tötete viele Menschen. Niemand schaffte es, ihn zu erlegen.«

»Schon gut, schon gut. Er soll sich setzen.«

Offenbar wusste Friedrich noch viel mehr. Vielleicht wollte Bruder Severus nicht, dass er zeigen konnte, wie gut er alles verstanden hatte.

»Was genau ist ein Löwe, Eberhard?«

Eberhard zuckte zusammen. »Nicht schon wieder Tiere!«, dachte er.

»Ich habe noch nie einen Löwen gesehen«, sagte er nach einer Weile. »Aber wenn ich das gestern richtig verstanden habe, dann ist das so etwas Ähnliches wie eine Katze. Also wie Balthasar, nur größer. Vielleicht so groß wie ein Schwein oder noch etwas größer. Aber ohne Ringelschwänzchen, denk' ich mal.«

Bruder Severus rollte mit seinen Augen. Das sah äußerst komisch aus, aber kein Schüler wagte es, zu lachen oder auch nur seinen Mund zu verziehen.

»Und weiter?«

»Dieser Löwe muss ein ganz besonderer Löwe gewesen

sein, denn er war unverwundbar. Also so etwas wie ein Löwe mit einer Löwenrüstung.«

»Setzen, Eberhard! Das hält ja keiner länger als zwei Minuten aus. Das tut ja richtig weh. Friedrich, fahre er fort!«

»Herakles konnte diesen Löwen nicht erschlagen, aber er hat ihn erwürgt. Mit seinen bloßen Händen. Dann hat er ihm das Fell abgezogen und sich einen Mantel daraus gemacht. Damit wurde auch er unverwundbar.«

»Richtig. Setzen! Jetzt zur zweiten Aufgabe. Meldet sich irgendeiner freiwillig? Außer Friedrich, der kommt heute nicht noch einmal dran.«

Bruder Severus blickte in die Runde. Niemand wagte es, sich zu melden.

»Mathias, zweite Chance.«

Mathias starrte seinen Lehrer verständnislos an. Er musste sich verhört haben.

Aber Bruder Severus hatte seine Augen auf ihn geheftet und sah ihn durchdringend an. Wie die Schlange das Kaninchen.

»Die zweite Aufgabe war die Hydra«, stammelte er schließlich.

»Und?«

»Sie hielt sich meistens in Sümpfen oder in sumpfigen Gewässern auf. Die Hydra war ein Monster und hatte viele Köpfe. Ungefähr ein Dutzend.«

»Was war das Besondere an den n e u n Köpfen, die die Hydra hatte?«, fragte Bruder Severus, ohne das Kaninchen aus den Augen zu lassen.

Mathias konnte sich nicht mehr erinnern. Er war viel zu aufgeregt. Aber er musste einen Grund finden. Und zwar schnell.

»Neun Köpfe waren einfach sehr praktisch. Ein Kopf konnte prima über Wasser bleiben und Luft holen und sehen, ob alles in Ordnung war. Und die anderen acht Köpfe konnten tun und lassen, was sie wollten. Zum Beispiel Fische fangen oder ein Nickerchen machen.«

Mathias war mit seiner Antwort zufrieden. Das hörte sich doch sehr vernünftig an.

Bruder Severus war ganz offensichtlich anderer Meinung. Mit wenigen Schritten war er bei ihm, zerrte ihn aus der Bank und stieß ihn in eine Ecke.

»Hier bleibst du die ganze Stunde über stehen. Und wehe, du lehnst dich an die Wand! Du bist die Schande der ganzen Schule. Unglaublich!«

Er brüllte so laut, dass Balthasar vor Schreck auf Nikolaus' Schoß sprang. Es dauerte eine Weile, bis sich Bruder Severus wieder beruhigt hatte. Dann blickte er etwas gelangweilt über die Schar seiner Schüler.

»Friedrich, erzähle er die zweite Aufgabe des Herakles.«

Und Friedrich berichtete, was das Besondere an den neun Köpfen der Hydra war und wie das neunköpfige Ungeheuer von Herakles getötet wurde.

»Dieses war der zweite Streich, doch der nächste folgt sogleich«, sagte Bruder Severus, nachdem Friedrich fertig war. »In der dritten Geschichte, die ich euch erzählt habe, geht es um Mist. Um sehr viel Mist. Da kennt ihr euch ja aus, da seid ihr sozusagen Experten. Wer von euch Mistexperten will sie mir erzählen?«

Bruder Severus wartete eine Weile. Niemand meldete sich.

»Du, Andreas, du bist dran. Und schön laut und deutlich, wenn ich bitten dürfte«, sagte Bruder Severus mit so zuckersüßer Stimme, als wollte er ihm eine große Freude machen.

Andreas erzählte die Geschichte von den Ställen des Augias. Er stockte ab und zu, stolperte über einige schwierige Wörter und räusperte sich immer wieder. Aber er schaffte es. Er berichtete, wie es Herakles gelang, diesen Riesenstall für 3000 Rinder an einem Tag zu säubern.

»Wusste ich doch«, sagte Bruder Severus, als Andreas fertig war, »mit Mist kennt ihr euch aus.

So, und nun zu den nächsten vier Aufgaben des Herakles. Ich erzähle sie euch nur einmal. Also passt gut auf, denn in der nächsten Stunde seid ihr wieder dran mit dem Erzählen. So wie immer. Diesmal sind auch ein paar hübsche Zungenbrecher mit dabei. Hört genau zu.«

Er spitzte seine Lippen und formulierte übertrieben langsam:

»Die Vögel von Stymphalos, der Gürtel der Amazonenkönigin Hippolyta, die Rinder des Geryones und die goldenen Äpfel der Hesperiden. Lustig, nicht?«

Bruder Severus grinste kalt, als er die entsetzten Gesichter der Schüler sah, und begann, diese vier Aufgaben des Herakles zu erzählen.

Die Schüler hörten mit gesenkten Köpfen zu, schon jetzt voller Angst vor der nächsten Stunde. Wie sollten sie sich bloß diese Geschichten mit den vielen seltsamen Wörtern merken?

Die Hanse

Nikolaus hatte ihn überall gesucht, aber Balthasar blieb verschwunden. Zuerst war er auf dem verschneiten Schulhof. Nichts. Keine Katze, keine Spuren von Katzenpfoten. Dann lief er von einem Klassenraum zum anderen. Er riss die Türen auf, sah sich kurz um, rief seinen Kater und rannte weiter. Er wurde immer hektischer. Er hatte Angst. Panische Angst.

Wenig später stand er vor Gregors Kammer. Ohne zu zögern riss er die Türe auf. Er sah Gregor sofort. Er stand in einer Ecke und bückte sich nach etwas auf dem Boden. Es war so dunkel in dem Raum, dass Nikolaus nicht erkennen konnte, was es war. Dann hörte er ein Kreischen und ein Fauchen, wie er es noch nie gehört hatte.

»Verdammtes Biest!«, schrie Gregor und richtete sich auf, »das wirst du mir büßen!«

Seine rechte Hand umklammerte Balthasars Hals. Balthasar wehrte sich heftig und schlug seine Krallen in Gregors Hände. Ohne zu überlegen rannte Nikolaus auf Gregor zu und sprang ihm mit voller Wucht von hinten in die Kniekehlen. Plötzlich waren auch alle anderen Schüler seiner Klasse da und stürzten sich auf Gregor.

Gregor hatte keine Chance. Er ging zu Boden, ließ Balthasar los und schlug wie ein Berserker* um sich. Der schwarze Kater raste wie ein geölter Blitz durch die offene Türe.

Mit einem Ruck richtete sich Nikolaus in seinem Bett auf. Er atmete heftig. Es dauerte einen Moment, bis er wirklich wusste, dass er nur geträumt hatte. Obwohl es in seiner Dachkammer sehr kalt war, hatte Nikolaus Schweißperlen auf seiner Stirn. Balthasar lag ruhig auf Nikolaus' Beinen, hob den Kopf und sah ihn an.

»Alles gut«, sagte er nach einer Weile, mehr zu sich selbst als zu seinem Kater, und streichelte ihn. »Nichts passiert. Ich habe nur geträumt. Gott sei Dank.«

Es dauerte noch eine ganze Weile, bis er sich wieder beruhigt hatte. Er grübelte darüber nach, wie es Gregor gelingen konnte, Balthasar in seinen Raum zu locken. Auch wenn er wusste, dass es nur ein Traum war, so hatte er doch das ungute Gefühl, dass aus diesem Traum Wirklichkeit werden könnte. Das musste er auf jeden Fall verhindern. Er würde Hanno seinen Traum erzählen, vielleicht hatte er eine Idee, was sie tun konnten.

»Vielleicht sollte ich doch mit Assisi reden«, murmelte er vor sich hin. Dieser Gedanke beruhigte ihn etwas, und dann dauerte es nicht mehr lange, bis er wieder einschlafen konnte.

Hanno und Nikolaus schlenderten den kurzen Weg von Löwenzahns Häuschen zur Schule. Es hatte über Nacht wieder geschneit und der frische Schnee knirschte bei jedem Schritt unter ihren Schuhsohlen. Nikolaus hob seinen Blick zum strahlend blauen Himmel. Was für ein schöner Morgen. Er freute sich auf die ersten beiden Stunden. Geografie bei Bruder Simon. Balthasar tapste einige Meter vor ihnen durch den Schnee. Manchmal blieb er kurz stehen, hob eine Vorderpfote und schüttelte sie, so als ob der Schnee für ihn heute viel zu kalt wäre.

Nikolaus rief ihn zu sich, er wollte kein Risiko eingehen nach dem Albtraum in der vergangenen Nacht. Er war etwas abergläubisch. Balthasar blickte ihn fragend an, seine weiße Schwanzspitze bewegte sich langsam hin und her.

»Das muss heute sein, auch wenn du das nicht verstehst«, sagte er zu ihm, als er ihn auf den Arm nahm. Er hatte Angst davor, dass Gregor einen Köder ausgelegt haben könnte und Balthasar plötzlich unbemerkt verschwinden würde.

Als sie die Treppe zur Schultüre hochgingen, war Gregor Gott sei Dank nicht zu sehen. Schon von weitem hörten sie fröhliche Stimmen aus ihrem Klassenraum. Bruder Simon war also schon da. Das machte er immer so, wenn er Zeit hatte.

»Erzähl uns bitte etwas von Spanien, Bruder Simon«, bat ihn Eberhard, als Hanno und Nikolaus den Raum betraten. Eberhard merkte gar nicht, dass seine Anrede so nicht in Ordnung war.

»Habe ich euch schon von den Apfelsinen erzählt?«, wollte Bruder Simon wissen. Er saß auf seinem Lehrerstuhl, die Schüler standen dicht vor ihm.

»Nie gehört«, sagte Eberhard. Die anderen schüttelten den Kopf.

»Also«, begann Bruder Simon, »Apfelsinen sind Früchte, die es bei uns nicht gibt. Dafür ist das Wetter hier viel zu kalt. Vor allen Dingen im Winter. Die Apfelsinenbäume würden bei uns glatt erfrieren.«

Nikolaus' Interesse für diese unbekannte Frucht war sofort geweckt. In diesem Spanien würde er gerne leben, wenn man da im Winter nicht zu frieren brauchte. Und Hitze war ihm immer recht.

»Apfelsinen sind so rund und groß wie Äpfel. Sie sind leuchtend orange und haben eine Schale, die man nicht essen kann. Innen sind sie süß und saftig, ihr würdet bestimmt nichts anderes mehr essen wollen, wenn ihr sie einmal probieren könntet. Sie schmecken so gut, dass ich nachts noch manchmal von Apfelsinen träume.«

Seine Schüler blickten ihn still und versonnen an. Auch sie träumten jetzt von Apfelsinen und dem weit entfernten Land, wo es diese Apfelsinenbäume gab. Bruder Simon konnte wunderbar erzählen. Zum Beispiel von den Reisen, die er gemacht hatte, bevor er ins Kloster ging. Er war in Spanien, in Rom, in Jerusalem und im Orient.

Wenn Bruder Simon erzählte, dann malte er die Welt in großen farbigen Bildern an die Wände des Klassenzimmers. Lange Karawanen mit Kamelen zum Beispiel, die sich bedächtig und mit wiegendem Schritt durch endlose Wüsten bewegten, beladen mit den Schätzen des Orients, mit Seide, Weihrauch und Edelsteinen. Seine Schüler sahen und rochen Gewürze in allen Farben und spürten den heißen Wüstenwind auf ihrer Haut. Sie wateten durch Flüsse und begegneten unbekannten Tieren. Abends tranken sie süßen Tee in den Zelten der Beduinen und schliefen am Lagerfeuer ein, über ihnen der weite Sternenhimmel. Mit Bruder Simon reisten sie durch die ganze Welt.

»So, meine lieben Schüler«, begann er nach einer Weile, als er sah, dass sie sich von den Orangen wieder erholt hatten, »heute geht es nicht in den Süden, sondern wir reisen durch den Norden. Aber auch das wird spannend werden, das kann ich euch versprechen.«

Er machte eine kleine Pause.

»Ihr kennt ja bereits die wichtigsten Hansestädte und die Waren und Güter, die von dort aus transportiert werden. Heute mache ich euch alle zu wichtigen und wohlhabenden Kaufleuten. Ihr seid mit dem Schiff oder mit Pferd und Wagen – das müsst ihr selbst entscheiden – nach Lübeck gekommen, um Ware zu verkaufen. Was genau, weiß ich nicht.«

Seine Schüler hörten ihm gespannt zu.

»Vor dem Rathaus der Hansestadt Lübeck trefft ihr Hauke Petersen, einen Kaufmann, den ihr schon lange kennt. Er lädt euch ein, mit ihm nach Hause zum Essen zu kommen. Bei Hammelbraten und Rüben…«

»Oh, wie lecker«, platzte Andreas dazwischen,

»… erzählt er dann, dass er gerne kostbare Pelze an reiche Lübecker Bürger verkaufen möchte. Aber er kenne leider niemanden, der sie ihm liefern könnte.

Kein Problem, sagt ihr dann. Ihr seid genau der richtige Mann für Pelze, sagt ihr, und dass ihr nur allerbeste Ware liefern werdet. Wo ihr sie einkaufen könnt, sagt ihr natürlich nicht.«

»Ich bin doch nicht blöd«, antworteten mehrere Schüler gleichzeitig.

»Und zu den Pelzen hätte Hauke Petersen gerne auch noch gutes Bauholz und Wachs«, fuhr Bruder Simon fort.

»Jetzt habt ihr es natürlich sehr eilig und sagt: Hat' mich sehr gefreut, schüttelt Hauke Petersen zum Abschied lange die Hand und sagt ihm, dass er sich einige Wochen gedulden müsse, bis ihr mit der gewünschten Ware wieder nach Lübeck kommen werdet.

Und tschüs, sagt Hauke Petersen, winkt zum Abschied und freut sich auf die schönen Pelze.«

Bruder Simon machte eine kleine Pause.

»Und jetzt eure Aufgabe: Ihr entscheidet, wo ihr Pelze, Holz und Wachs einkaufen werdet und wie ihr die Waren nach Lübeck transportieren wollt. Auf dem Rückweg von Lübeck nach Thorn nehmt ihr natürlich auch Waren mit, die man in Thorn gut verkaufen kann. Ihr entscheidet, welche.

Ihr plant die ganze Reise, ihr seid der Kaufmann und für alles verantwortlich. Ihr könnt alleine oder in Gruppen arbeiten. Gibt es Fragen?«

Es dauerte eine Weile, bis sich Mathias meldete.

»Wo gibt es mehr böse Menschen, die mich beklauen wollen, auf dem Meer oder an Land?«

Niemand lachte. Es war eine wichtige Frage.

»Ich habe schon beides erlebt«, antwortete Bruder Simon ernst, »ich kann dir nicht helfen. Denk darüber nach, ob du ein paar Männer mehr mitnehmen willst, die dich und die Waren beschützen sollen. Natürlich musst du sie dafür bezahlen. – Peter, was willst du wissen?«

»Ich möchte gerne wissen, wo man sich leichter verirren kann, auf dem Meer oder an Land.«

»Was meinst du selbst, Peter?«, wollte Bruder Simon von ihm wissen.

»Auf dem Land gibt es Wegweiser aus Holz oder aus Stein. Und ich kann Menschen fragen, wenn ich mich verirre. Das alles gibt es auf dem Meer nicht. Also bleibe ich wahrscheinlich lieber an Land.«

Bruder Simon nickte. »Kann ich verstehen«, sagte er und nahm Nikolaus dran, der sich gemeldet hatte.

»Natürlich gibt es auch Wegweiser auf dem Meer«, sagte er in ruhigem Ton.

»Das habe ich ja noch nie gehört«, antwortete Peter sofort und drehte sich zu Nikolaus um. »Wie soll das denn gehen?«

»Natürlich sind auf dem Wasser keine Wegweiser aus Holz oder Stein. Und es gibt auch keine Menschen, die Tag und Nacht hin und her schwimmen und darauf warten, ob jemand Fragen stellen möchte oder Probleme hat«, gab Nikolaus zur Antwort.

Alle Schüler lachten und waren gespannt, was Nikolaus zu sagen hatte.

Er erzählte ihnen, dass er von seinem Vater gelernt hat, mithilfe der Sonne die Himmelsrichtungen zu bestimmen. Und dass man sich nachts auf den Polarstern verlassen kann, da er immer nach Norden zeigt. Auch andere Sterne und der Mond können helfen, wenn man sich damit auskennt. Und wenn man einen Kompass hat, kann man die Richtung nicht verfehlen, in die man segeln muss. Und Seekarten seien natürlich ebenfalls eine große Hilfe.

Peter und die anderen Schüler waren mit seinen Erklärungen der Wegweiser auf dem Wasser zufrieden. Danach gab es noch viele Fragen zu Hexen, Geistern und Untieren, auf die man unterwegs treffen könnte. Bruder Simon konnte sie alle so beantworten, dass seine Schüler bzw. seine Kaufleute schließlich startklar waren.

»Aber etwas fehlt noch, bevor ihr anfangen könnt«, sagte Bruder Simon. »Ich will euch noch zwei Landkarten zeigen.«

Alle Schüler blickten ihn mit großen Augen an. Dass es Landkarten gab und Menschen, die sie zeichnen konnten, davon hatten sie schon gehört. Aber gesehen hatten die meisten von ihnen noch keine.

»Eine Landkarte, auf der die Hansestädte zu sehen sind, und eine Weltkarte sollt ihr euch anschauen. Die befinden sich in der Lehrer- und Gelehrtenbibliothek. Kommt mit!«

Alle Schüler saßen regungslos auf ihren Plätzen. Sie waren wie vom Donner gerührt. So etwas Großartiges hatten sie noch nie erlebt.

Nikolaus bückte sich und nahm Balthasar auf den Arm. »Und du kommst auch mit«, flüsterte er ihm ins Ohr, »die Welt angucken.«

Kaufleute unter sich

»Habt ihr das gesehen? Habt ihr das gesehen??«

Wie ein Lauffeuer verbreitete sich diese Frage durch die kleine Schülergruppe, die an der Johanneskirche vorbei in Richtung Rathaus ging. Gleich hinter dem Schulgebäude war ihnen Gregor entgegengekommen. Er hatte eine breite, blutrote Kratzspur mitten im Gesicht. Von der Nase, quer über die rechte Backe, bis zum Hals. Ohne die Schüler oder Bruder Simon auch nur eines Blickes zu würdigen, marschierte er grußlos an ihnen vorbei auf die Eingangstüre der Schule zu.

»Das war Balthasar, oder?«, fragte Lukas, der neben Nikolaus ging. Er sagte das, was alle Schüler dachten. Und vor allen Dingen, was alle Schüler hofften.

»Ich kann mir das nicht vorstellen. Wann hätte das passieren sollen?«, gab Nikolaus zur Antwort.

»Höchstens, wenn Gregor heute Löwenzahn besucht hätte, als wir in der Kirche waren. Verflixt, an so etwas habe ich ja überhaupt noch nicht gedacht! Ich darf mir gar nicht vorstellen, was alles hätte passieren können. Ich werde gleich morgen mit Löwenzahn darüber reden. Gleich morgen früh!«

Während er noch hin und her überlegte und sich Vorwürfe machte, hörte er, wie vor ihm mehrere Schüler mit Balthasar redeten.

»Braver Balthasar.«

»Gut gemacht, Balthasar.«

»Unser Herakles.«

»Weiter so, Balthasar!«

»So ein Tag, so wunderschön wie heute.«

So redeten sie mit ihm noch eine ganze Weile. Balthasar schien das zu gefallen, er wuselte vergnügt zwischen ihren Beinen hin und her.

Die Schüler machten an diesem Vormittag mit Bruder Simon einen kleinen Ausflug. Der Weg, den sie gehen würden, war nicht weit. Es würde höchstens 10 Minuten dauern, hatte Bruder Simon ihnen gestern gesagt. Aber sie hatten trotzdem das Gefühl, als hätten sie gerade ein bisschen Ferien. Eberhard hatte sich von zu Hause sicherheitshalber ein Stück Brot mitgenommen, das er essen wollte, wenn er unterwegs Hunger bekommen sollte. Man konnte ja nie wissen. Bruder Simon hatte dafür Verständnis. Das wusste er.

Er stopfte sich gerade die letzten Krümel in den Mund, als sie an ihrem Ziel ankamen. Es war ein großes rotes Backsteingebäude mit einem treppenförmigen Giebel. Nikolaus kannte es. Als sein Vater noch lebte, war er mit ihm ein paar Mal in diesem Haus.

Die schwere eisenbeschlagene Holztüre stand offen. Es dauerte nicht lange, bis ein Diener erschien und sie mit ausgesucht höflichen Worten bat, ihm in das Kontor zu folgen. So redete sonst niemand mit ihnen. Alle Schüler waren so beeindruckt, dass keiner auch nur ein Wort sprach, als sie in das Haus eintraten. Nikolaus nahm Balthasar vorsichtshalber auf den Arm.

Sie wurden in einen großen Raum im Erdgeschoss geführt und gebeten, ein klein wenig Geduld zu haben. Herr Heinrich Rockendorf sei noch einen kurzen Augenblick beschäftigt. Er würde sich dann aber sofort um sie kümmern. Zu ihrer großen Verwunderung machte der Diener eine kleine Verbeugung, bevor er den Raum verließ und die Türe leise schloss.

Staunend sahen sich die Schüler um. Nur wenige von ihnen hatten jemals einen so prächtigen Raum gesehen. Mehrere edle Truhen und Schränke standen an den Wänden, dazwischen gepolsterte Stühle und Sessel. Keiner der Schüler wagte es, sich auch nur für einen Augenblick auf sie zu setzen, obwohl sie so verlockend gemütlich aussahen. Einige von ihnen konnten es sich aber nicht verkneifen, beim Hin- und Hergehen wie zufällig eine Hand auf einen Sessel zu legen und zu prüfen, wie weich und bequem die Kissen und die Polster waren. Felle von unterschiedlichen Tieren lagen auf dem Boden oder waren als Schmuck an den Wänden angebracht. Ein großes Schiffsmodell befand sich auf einer der Truhen, dahinter hing eine Seekarte an der Wand. Es war eine Karte von der Ostsee und der Nordsee, auf der die wichtigsten Hansestädte eingezeichnet waren. Bruder Simon hatte ihnen erst gestern eine ähnliche Karte gezeigt.

Mehrere alte und ehrwürdige Männer starrten aus ihren Gemälden auf die neugierigen Schüler herab, die alles, was sie in diesem Raum interessant fanden, ganz genau unter die Lupe nahmen. Insbesondere, so schien es, blickten sie entrüstet zu Eberhard hinüber, der sich auf ein Bärenfell gesetzt hatte, das in der Mitte des Raumes auf dem Boden lag. Er streichelte ununterbrochen den Kopf des braunen Bären und kraulte ihm auch ab und zu seine Ohren. Kurze Zeit später legte er sich auf den Bauch und schaute prüfend in sein großes Maul. Er befühlte ausgiebig seine mächtigen Eckzähne und schien beruhigend auf ihn einzureden.

Genau in diesem Augenblick öffnete sich die Türe und ein großer, elegant gekleideter Mann betrat den Raum. Er hatte breite Schultern und einen so wachen Blick, dass man fühlte, dass er alles in diesem Raum sofort unter Kontrolle hatte. Hinter ihm kam ein zweiter Mann, er war deutlich kleiner, hatte blonde Haare und einen rötlichen Bart.

»Willkommen, Kaufleute«, begrüßte Heinrich Rockendorf die Schüler zu ihrer großen Verwunderung, »ich begrüße euch in meinem Kontor. Neben mir seht ihr Johan Pape, einen der besten Kapitäne, die heute auf der Ost- und Nordsee unterwegs sind. Er ist Kapitän der ‚ANNA', die ihr sicher schon oft auf der Weichsel gesehen habt. Ihr Liegeplatz ist gleich unterhalb des Seglertores.«

»Bevor wir zum Geschäftlichen kommen«, fuhr Heinrich Rockendorf fort, »darf ich den Herren vielleicht eine kleine Erfrischung anbieten? Wie wäre es mit ein paar Nüssen und getrockneten Feigen?«

Alle Schüler blickten ratlos zu Bruder Simon. Waren wirklich sie gemeint?

»Ich glaube«, sagte Bruder Simon ernst, »sie würden sich darüber freuen. Sie haben heute Morgen schon einen sehr weiten Weg hinter sich.«

Erneut blickten die Schüler Bruder Simon fragend an.

»Also dann, Johan, sag doch bitte in der Küche Bescheid, Nüsse und Feigen für meine Kollegen. Und ein Schälchen Milch für einen besonderen Gast.«

Die Schüler hatten kaum Zeit, sich zu wundern.

»Und nun an die Arbeit«, sagte Heinrich Rockendorf und klatschte energisch in die Hände. »Sie haben versprochen, mich bei einer wichtigen Unternehmung zu beraten. Und heute ist es soweit. Ich möchte Felle, Holz und Wachs einkaufen. Felle von bester Qualität und von verschiedenen Tieren. Und Holz, das für den Bau von Häusern benötigt wird, die Hunderte von Jahren überdauern sollen. Wo also soll ich diese Waren kaufen, welche Erfahrungen haben Sie?«

Friedrich, Hanno und Nikolaus hatten das Spiel als Erste durchschaut und grinsten vergnügt in Richtung Bruder Simon. Der blickte an die Zimmerdecke und tat so, als wüsste er von nichts.

Alle Schüler machten nun Vorschläge, argumentierten eifrig und waren sich schließlich einig, dass die Reise nach Norden gehen müsste. Und zwar mit dem Schiff. Nach Riga oder nach Reval, nur diese Frage blieb noch zu klären.

Kapitän Pape kam zurück in den Raum, gefolgt von dem Diener, der mehrere Holzschalen auf einem Tablett trug. Er stellte sie vor die Schüler, die auf den Fellen am Boden Platz genommen hatten. Auf den Schalen waren Feigen und unterschiedliche Nüsse zu kleinen Pyramiden aufgehäuft worden. So etwas hatten diese Jungen noch nie gesehen, geschweige denn gegessen. Sie waren nicht sicher, ob sie sich etwas aus den Schalen nehmen durften und blickten deshalb Hilfe suchend zu Bruder Simon. Er nickte ihnen aufmunternd zu.

»Fast so wie nachts am Lagerfeuer bei den Beduinen«, dachte Bruder Simon, als er seine Schüler auf den Fellen sitzen sah, die langsam und mit verklärtem Blick Feigen und Nüsse kauten.

»Johan, ich fürchte, wir haben dich soeben in den hohen Norden geschickt. Die Meinung dieser erfahrenen Kaufleute ist ganz eindeutig. Du hast die Wahl zwischen Riga und Reval«, sagte wenig später Heinrich Rockendorf gut gelaunt zu seinem Kapitän.

»Haben denn diese Herren Kaufleute auch eine Vorstellung, was es bedeutet, um diese Jahreszeit in diese Gegend zu segeln? Bei Sturm, Eis und Schnee?«

»Nein, Johan, es soll erst im Frühjahr bei Westwind und Tauwetter losgehen. Und die Ladung besteht aus Fellen, Holz und Wachs. Also, wo geht es hin?«

»Nach Reval. Die Pelzhändler dort haben die beste Ware, keine Frage. Und Holz und Wachs gibt es dort natürlich auch zur Genüge.«

Der Kapitän machte eine kurze Pause und wandte sich dann an Herrn Rockendorf.

»Und nun noch etwas anderes, Heinrich. Der Eisgang auf der Weichsel wird jeden Tag stärker und ist für das Schiff allmählich gefährlich. Wir haben schon Ende November und die richtige Kälte wird nicht mehr lange auf sich warten lassen. Ich finde, es ist allerhöchste Zeit, dass die ‚ANNA' nach Danzig gebracht wird. Dort sollte sie wie immer an Land überwintern und repariert werden. Ich möchte am liebsten gleich morgen früh aufbrechen.«

»Einverstanden, Johan. Ich lasse die Mannschaft informieren. Hast du jetzt noch etwas Zeit, meinen geschätzten Kaufmannskollegen unsere ‚ANNA' zu zeigen?«

»Sehr gerne. Ich würde auch gerne diese schöne schwarze Katze mit an Bord nehmen. Ich habe gestern gesehen, dass wir Ratten und Mäuse auf dem Schiff haben. Das kann so nicht weitergehen. Wem gehört denn diese Katze?«

Nikolaus meldete sich.

»Kann ich sie für ein Silberstück haben?«

Alle Schüler hielten die Luft an. Ein Silberstück für eine Katze, was für ein ungeheuer großzügiges Angebot! Wie würde Nikolaus reagieren?

Nikolaus zögerte keinen Augenblick. »Mein Kater Balthasar ist unverkäuflich, Herr. Wir gehören zusammen.«

Johan Pape lächelte und sagte nichts. Er hatte verstanden.

»Ja dann«, sagte er gut gelaunt, »dann können wir aufbrechen, wenn alle anderen Fragen geklärt sind.«

Alle Schüler standen auf, überreichten dem Diener mit einer kleinen Verbeugung die leeren Holzschalen. Dann verabschiedeten sie sich fast formvollendet von ihrem Kaufmannskollegen Heinrich Rockendorf und freuten sich maßlos darauf, dass sie nun mit Johan Pape, einem echten Kapitän, auf ein richtig großes Schiff gehen durften. Auf eine Hansekogge, die im nächsten Frühjahr eine Ladung Felle, Holz und Wachs aus einer Hansestadt aus dem hohen Norden nach Lübeck transportieren würde. Und dass sie wegen dieser Schiffsbesichtigung sogar eine ganze Lateinstunde bei Lukullus versäumen würden, das machte ihr Glück vollkommen.

Das Krippenspiel

Bruder Franziskus war auf dem Weg zum Unterricht. Wie immer im Laufschritt, versteht sich. Er wollte sich in Form halten. Und schneller war er auf diese Weise auch. Dass seine Schüler ihn heute nicht wie üblich schon von weitem hörten, hatte zwei Gründe.

Der erste war, dass seine Schüler sich zwar in ihrem Klassenraum befanden, aber trotzdem immer noch in einer völlig anderen Welt. Sie unterhielten sich über diesen ganz besonderen Vormittag. Über das Kontor, über die Feigen und die Nüsse (es lief ihnen das Wasser im Mund zusammen, wenn sie nur daran dachten) und vor allen Dingen über die »ANNA«. Johan Pape hatte ihnen das ganze Schiff gezeigt. Sie staunten, wie groß es in Wirklichkeit war. Mit so einem Schiff konnte man sicher über alle Weltmeere segeln. Sie waren in der Kammer des Kapitäns, sie hatten Seekarten und zum ersten Mal in ihrem Leben einen Kompass gesehen. Sie wunderten sich über den riesigen Laderaum und die engen Kojen der Matrosen. Und wo immer sie sich auch aufhielten, spürten sie zu ihrer Freude, wie sich das Schiff sanft in der Strömung hin- und herbewegte. Sie beobachteten vom Deck aus die Eisschollen, die am Schiff vorbei stromabwärts zogen. Sie waren noch ziemlich dünn, aber sie knirschten und quietschten, wenn sie gegen die Bordwand stießen oder sich übereinander schoben. Am liebsten wären sie an Bord geblieben und am kommenden Tag mit nach Danzig gesegelt.

Der zweite Grund war Bruder Franziskus selbst. Heute lief er nicht wie üblich mit schwungvollen Armbewegungen, mit Anfeuerungsrufen und Sandalen, die hörbar auf den Boden klatschten. Heute machten seine Sandalen eher schleifende und schlurfende Geräusche. Bruder Franziskus hatte seine Arme eng am Körper angelegt und hielt die Hände schützend über die verborgenen Innentaschen seiner Kutte. Er lief steifbeinig und mit durchgedrückten Knien und schob beim Laufen die beiden Schultern abwechselnd nach vorne. Heute glich sein Laufstil dem einer Ente, die eilig über einen Weg watschelte, um sich auf der gegenüberliegenden Seite in Sicherheit zu bringen. Bruder Franziskus war so in Fahrt und so voller Freude, dass er vor der geöffneten Türe gar nicht abbremste, sondern erst vor seinem Lehrerstuhl zum Stehen kam. Und jetzt erst drehten sich alle Schüler um und sahen ihn. Er strahlte über das ganze Gesicht und sagte eine ganze Weile gar nichts. Alle Schüler blickten ihn erwartungsvoll an.

»Einen wunderschönen guten Morgen, meine lieben Schüler«, sagte er schließlich. »Setzt euch, bitte.«

Dann war es wieder still.

Bruder Franziskus merkte, dass die meisten Schüler auf seine Hände starrten, die noch immer schützend über den Innentaschen seiner Kutte lagen.

»Ja, ja«, seufzte er gut gelaunt, »heute ist mal wieder so ein verrückter Tag. Alles ist anders als gedacht. Deswegen musste ich heute auch meinen Laufstil ändern. Ihr habt es bestimmt schon gehört. Ich bin heute nicht so temperamentvoll unterwegs wie sonst. Als ambulantes* Pflegeheim für Tiere muss man sich halt vorsichtig bewegen. Ich habe heute Morgen zwei Vögel im Schnee gefunden, entkräftet und halb erfroren. Da habe ich sie einfach mitgenommen. In meinen großen Taschen ist Wärme und Futter. Die kriege ich schon wieder hin.«

Die Schüler liebten ihn für diese Tierliebe. Dennoch trieben sie gerne ihren Schabernack mit ihm, weil er oft so kauzig war.

Bruder Franziskus strahlte seine Schüler an.

»Und dann auch noch…«

Bruder Franziskus unterbrach sich und schien nachzudenken.

»Ich habe großartige Nachrichten«, sagte er schließlich. »Der Schulleiter hat mich heute gebeten, in diesem Jahr das Krippenspiel aufzuführen. Das ist für mich das allererste Mal. Welch eine Ehre. Und ich habe mich dafür entschieden, dass ihr und ich, dass wir zusammen an Weihnachten das Krippenspiel in der Johanneskirche aufführen. Was sagt ihr dazu?«

Wenn Bruder Franziskus gehofft hatte, dass nun ein Ju belsturm losbrechen würde, dann hatte er sich getäuscht. Dafür hatte er sich einen schlechten Tag ausgesucht.

Na ja, das Krippenspiel aufführen zu dürfen, das war auch für diese Schüler eine schöne Sache. Aber für jemanden, der gerade eine Seereise in einem wichtigen Handelskontor der Hansestadt Thorn geplant hatte und der auf der »ANNA« war und in seinen Träumen mit ihr schon bis nach Danzig gesegelt ist oder noch etwas weiter, für so jemanden war ein Krippenspiel eine nicht mehr ganz so aufregende Sache.

»Na, was sagt ihr dazu?«, fragte Bruder Franziskus nun schon zum zweiten Mal und ließ seinen Blick erwartungsvoll über seine Schüler schweifen.

»Das ist bestimmt prima«, sagte Andreas schließlich, »aber was genau müssen wir denn machen?«

»Es ist die Weihnachtsgeschichte. Jeder von euch kennt sie. Ich werde die Weihnachtsgeschichte nach dem Evangelium des heiligen Lukas erzählen. Und ihr stellt die Szene dar.«

»Und welche Rollen müssen wir spielen?«, wollte Lukas wissen.

»Nun ja«, antwortete Bruder Franziskus und überlegte. »Da sind zunächst Maria und Joseph. Das Kind in der Krippe braucht ihr nicht zu spielen, das wird eine Puppe sein. Den Esel und den Ochsen auch nicht. Die sind aus Holz. Dann sind da noch Engel und die Hirten auf dem Felde, die die Tiere hüten. Und natürlich die drei Weisen aus dem Morgenland, Caspar, Melchior und Balthasar. Und irgendwie müssen wir auch noch den Stern von Bethlehem* unterbringen, der ist wichtig.«

»Und um es gleich zu sagen«, fuhr Bruder Franziskus nach einer kurzen Pause fort, »wir müssen in den kommenden Wochen in unseren Unterrichtsstunden ab und zu eine Vorbesprechung für das Krippenspiel machen. Leider. Wir waren bei den Säugetieren gerade so schön in Fahrt. Aber es hilft ja nichts. Heute ist schon der Tag der heiligen Katharina, und bis zum 1. Advent dauert es auch nicht mehr lange. Ich hoffe, ihr seid einverstanden?«

»Natürlich, Bruder Franziskus«, sagte Eberhard gut gelaunt, »das verstehen wir sehr gut. Da machen Sie sich mal gar keine Sorgen, das kriegen wir schon hin. Das holen wir alles im Frühjahr spielend wieder auf.«

Alle Schüler nickten fröhlich. Das schien ihren Lehrer zu beruhigen.

»Na schön, dann werden wir heute als erstes die Rollen festlegen«, sagte Bruder Franziskus, »dann haben wir schon eine Menge geschafft. Wer spielt Maria und Joseph?«

Niemand meldete sich. Bruder Franziskus wartete geduldig.

»Ihr braucht keine Angst zu haben, sprechen müsst ihr nicht oder höchstens ein paar Worte.«

»Ich finde, wir sollten vor der Verteilung genau festlegen, wie viele Hirten oder Engel es geben muss und ob wir überhaupt hinkommen mit dieser Klasse. Wir sind ja nur 14 Schüler«, sagte Hanno.

Dies war, wie alle fanden, ein guter Vorschlag. Also rechneten sie eine Weile hin und her und kamen zu folgendem Ergebnis:

1 Maria + 1 Joseph + 3 Engel + 5 Hirten + 1 Caspar + 1 Melchior + 1 Balthasar + 1 Stern von Bethlehem = 14. Passt!

»Wie viele Hirten waren das damals und was haben die nachts auf dem Felde eigentlich gemacht?«, wollte Simon wissen.

»Gute Frage«, sagte Friedrich kopfnickend. »Gute Frage.«

»So genau kann ich das nicht sagen«, antwortete Bruder Franziskus. »Aber im Evangelium steht, dass sie nachts bei ihren Herden waren, als ihnen die Engel erschienen sind und einer zu ihnen sagte: »Fürchtet euch nicht.«

»Aha«, sagte Bertram, »dann waren das wahrscheinlich Schafe, die die Hirten hüteten. Ich glaube, dass in dieser Nacht, als die Engel landeten, auch die Schafe aufgewacht sind und sich mächtig erschrocken haben.

Genauso wie die Hirten. Die Schafe haben bestimmt ganz schön geschrien.«

»Die haben mit Sicherheit geschrien«, sagte Peter, »und der Ochse und der Esel im Stall hatten wahrscheinlich auch ganz fürchterlich Sch… Muffensausen. Uppps, fast hätte ich ein schlimmes Wort gesagt. Entschuldigung, Bruder Franziskus. Sie kennen sich doch selbst gut aus mit Tieren. Auch Tiere haben Angst.«

»Also, mit anderen Worten, wir brauchen auch Tierstimmen, sonst ist das ganze Krippenspiel nicht echt. Stimmt's, Bruder Franziskus?«, fasste Albrecht die Meinung der anderen zusammen.

»Aber glaubt ihr nicht auch, dass sich das ziemlich albern anhören wird, wenn ihr Tierstimmen nachmacht? Ich kann mir das nicht vorstellen.«

Im nächsten Augenblick saß Bruder Franziskus mitten in einer aufgeregten Tierherde. Es blökte und muhte von allen Seiten. Und ein Esel schrie in Panik. Balthasar hob verwirrt seinen Kopf. Auch Bruder Franziskus war beeindruckt.

Dann rechneten die Schüler zum zweiten Mal. Hier ist das Ergebnis:

1 Maria + 1 Joseph + 1 Ochsenstimme + 1 Eselsstimme + 3 Schafsstimmen + 2 Engel + 1 Hirte + 1 Caspar + 1 Melchior + 1 Balthasar + 1 Stern von Bethlehem = 14. Passt!

Alle schwiegen einen Augenblick und begutachteten das Ergebnis. Ganz wohl war ihnen bei dieser Rechnung nicht. Nur ein Hirte für eine ganze Herde kam ihnen viel zu wenig vor. Mathias hatte die rettende Idee.

»Eigentlich können wir bei 5 Hirten bleiben. Die 5 Hirten übernehmen ganz einfach auch noch die Rolle der Schafe. Die Hirten sind ja sowieso ganz nah bei ihren Herden. Dann fällt es doch gar nicht auf, wenn die Hirten ab und zu auch wie Schafe blöken. Vielleicht könnten die Hirten beim Blöken ihre Hand vor den Mund halten, dann fällt es weniger auf. Und ich denke, auch Maria und Joseph könnten vielleicht ab und zu, wenn keiner so genau hinschaut, Laute von sich geben, wie es ein Ochse und ein Esel tun.«

Nach diesem Vorschlag war erst einmal wieder Ruhe. Irgendwann sagte Bruder Franziskus leise:

»Das hatte ich mir alles ganz anders vorgestellt.«

»Ich finde das alles ganz hübsch, soweit«, sagte Hanno, »nur Maria und Joseph, die können nicht wie ein Ochse und ein Esel schreien. Das geht einfach nicht.«

»Wir könnten diese Tierrollen natürlich auch Caspar, Melchior und Balthasar geben«, gab Martin zu Bedenken. »Erst gehen die Hirten in den Stall, um das Jesuskind zu sehen. Die heiligen drei Könige stehen zu dieser Zeit hinter dem Stall und schreien dort wie ein Ochse und ein Esel und gehen erst dann in den Stall, wenn die Hirten raus kommen. Das macht Sinn. Sonst wäre es drinnen ja auch viel zu eng.

Oder vielleicht könnte der Stern von Bethlehem ja auch noch den Ochsen und den Esel übernehmen«, fuhr Martin fort. »Der Stern hängt doch sowieso nur still über dem Stall und macht sonst nichts.«

Martin sagte im Unterricht eigentlich nicht viel, aber heute war er gut in Form.

»Der Stern kann meiner Meinung nach auf keinen Fall

über dem Stall hängen«, sagte Nikolaus. »Wer hat schon jemals einen Stern am Himmel gesehen, der erst seine Bahn zog und dann plötzlich stehen blieb und sich tagelang nicht mehr vom Fleck bewegte, bis er irgendwann wieder weiter wanderte? Schaut euch doch den Himmel an! Der Mond bewegt sich. Die Sonne tut es jeden Tag. Und die Sterne in der Nacht. Alle sind immer in Bewegung. Also bewegt sich auch der Stern von Bethlehem. Vielleicht kann er ja über dem Stall kreisen, vielleicht kriegen wir das hin. Aber dabei kann er nicht auch noch Tierlaute von sich geben. Über dem Dach.«

Bruder Franziskus schüttelte den Kopf.

»In der Bibel steht, der Stern von Bethlehem stand über dem Stall und hat den heiligen drei Königen aus dem Morgenland den Weg gewiesen. Und so muss es auch bleiben.«

»Das geht aber nicht! Ein Stern hört nicht plötzlich auf zu fliegen und bleibt in der Luft stehen«, antwortete Nikolaus. »Aber wie wäre es, wenn wir vor dem Krippenspiel ansagen, dass heute schlechtes Wetter ist und deshalb der Stern von Bethlehem leider nicht zu sehen ist? Damit wäre das Problem gelöst.«

»Na gut, dann eben keinen Stern von Bethlehem«, seufzte Bruder Franziskus, war aber sichtlich nicht zufrieden mit dieser Lösung. Was würden die Gemeinde oder sein Schulleiter sagen, wenn in diesem Jahr zum ersten Mal beim Krippenspiel der Stern von Bethlehem nicht zu sehen sein würde? Wegen starker Bewölkung?

Bruder Franziskus saß ermattet auf seinem Stuhl. So ein Krippenspiel auf die Beine zu stellen, war doch um einiges anstrengender, als er gedacht hatte.

»Etwas fehlt noch«, sagte Eberhard. Bruder Franziskus zuckte zusammen.

»Was denn, um Gottes Willen«, seufzte er, »was gibt es denn noch?«

»In jedem Stall gibt es mindestens eine Katze«, sagte Eberhard. »Wenn man möchte, könnte man ja noch ein paar Mäuse mit dazunehmen. Das muss aber nicht unbedingt sein. Die sieht man ja wegen des Strohs sowieso nicht. Aber ohne eine Katze geht es sicher nicht. Sonst ist unser Krippenspiel nicht echt.«

»Nein, nein, nein, nein«, wehrte sich Bruder Franziskus energisch, »das geht ganz bestimmt nicht. Von einer Katze steht im Lukasevangelium rein gar nichts. Da bin ich mir ganz sicher. Wir spielen ohne Katze und dabei bleibt es.«

»Könnte es nicht sein«, sagte Friedrich ohne zu zögern, »dass der heilige Lukas beim Aufschreiben der Weihnachtsgeschichte sehr aufgeregt war? So aufgeregt, dass er ganz einfach vergessen hat, von der Katze zu berichten, die im Stroh lag? Ich bin sicher, so war es. Außerdem fehlt etwas, wenn unsere Klasse das Krippenspiel aufführt und Balthasar nicht mit dabei wäre.«

Alle Schüler nickten zustimmend.

Bruder Franziskus brauchte eine Weile, bis er zu einem Entschluss gekommen war.

»Ich überleg' mir das bis morgen«, sagte er schließlich.

»Gut, dann rechnen wir noch einmal zusammen«, sagte Friedrich, »damit wir morgen noch wissen, was wir heute gesagt haben und nicht wieder von vorne anfangen müssen.«

Dritte Rechnung, drittes Ergebnis:

1 Maria + 1 Joseph + 5 Hirten (= 5 Schafe) + 3 Engel + 1 Caspar (= 1 Ochse) + 1 Melchior (= 1 Esel) + 1 Balthasar = (1 Ochse oder 1 Esel) + 1 fliegender Stern von Bethlehem (wenn Wolken, dann Hirte) + (1 Katze, wenn Bruder Franziskus sich traut) = 14 (+ 1?) Passt! (sehr wahrscheinlich).

»Prima«, sagte Lukas grinsend, »dann können wir uns ja bis morgen noch viele wunderbare Ideen ausdenken, wie das Krippenspiel in diesem Jahr noch viel schöner werden kann.«

»Alles, nur das nicht«, stöhnte Bruder Franziskus und verließ kopfschüttelnd den Klassenraum.

Die Pfefferkuchenlehrlinge

Als die Schüler nach dem Ende des Unterrichts die Schultüre öffneten, konnten sie die Häuser auf der anderen Straßenseite kaum erkennen. Ein böiger Nordwind jagte den Schnee fast waagerecht durch die Luft. Nikolaus und Hanno stiegen vorsichtig die wenigen Stufen zur Straße hinunter und drehten sich nach rechts. Sie senkten ihre Köpfe, steckten die Hände in die Taschen und stapften, gegen den Wind gebeugt, in Richtung Johanneskirche.

»So ein Sauwetter!«, dachte Nikolaus. »In der Schule ist es schon verdammt kalt, aber das ist ja nichts gegen diesen Schnee und diesen Wind!«

Balthasar blieb so dicht wie möglich hinter den beiden, um etwas Schutz vor dem Wetter zu finden. Es nützte nicht viel. Nach wenigen Minuten war Balthasar ein weißer Kater.

Nur aus den Augenwinkeln heraus bemerkte Nikolaus, dass einige Menschen den Schnee vor den Haustüren zur Seite fegten. Und, dass in einigen der hohen Handelshäuser links und rechts der Straße Lichter brannten. Es waren blasse Lichter, die der Schnee und die einsetzende Dunkelheit verwischten und fast auslöschten. Wahrscheinlich rechneten und schrieben Kaufleute in den Kontoren, dachte Nikolaus. Vielleicht ging es um Rechnungen für gelieferte Ware oder um die Kosten für deren Lagerung. Wer weiß, vielleicht ging es auch um Wachs und Felle?

»Bei so einem Wetter könnte bestimmt niemand den Stern von Bethlehem sehen«, murmelte Nikolaus halb grinsend vor sich hin. »Das muss auch Assisi zugeben.«

Er drehte sich zu Balthasar um. Der duckte sich soweit wie möglich auf den Boden und schlich dicht hinter ihm durch den Schnee.

»Gleich hast du's geschafft«, sagte er zu ihm, »da vorne ist schon das Rathaus. Gleich sind wir zu Hause.«

Schneller als die beiden Jungen war Balthasar in der gefliesten Diele, schüttelte sich kräftig und rannte dann schnurstracks in die Küche, zum offenen Feuer.

»Ihr kommt ja reichlich spät«, begrüßte sie Agnes, die ihnen die Türe geöffnet hatte. »Ihr musstet wohl nachsitzen, weil ihr wieder Blödsinn gemacht habt.«

Ihr spitzbübisches Grinsen verriet, dass sie es nicht ernst meinte.

»Quatsch«, antwortete Nikolaus.

Ihm war kalt, er war nass und hatte Hunger. Nach Scherzen war ihm noch nicht zu Mute. Er und Hanno hängten ihre nassen Umhänge, Mützen und Schals in der Nähe des Feuers auf und stellten ihre Schuhe dazu. Balthasar lag bereits in seiner Lieblingsecke und hatte schon damit begonnen, sein Fell trocken zu lecken.

»Fischsuppe. Stark!«, sagte Nikolaus voller Freude, als er in den großen runden Topf blickte. Er hing dicht über dem Feuer, mit Ketten an einem Haken an der Decke befestigt.

Erst jetzt bemerkte Nikolaus seinen Bruder Andreas und dessen Freund Jakob, die etwas abseits auf einer Bank saßen.

»Wir dachten schon, ihr kommt gar nicht mehr«, frotzelte Andreas. »Ihr habt wohl vergessen, was wir heute noch vorhaben.«

Mit einer Handbewegung zeigte ihm Nikolaus, was er von diesem müden Scherz hielt. Heute war der Namenstag der heiligen Katharina. Heute würden sie mit Agnes Pfefferkuchen backen. In fast allen Familien in Thorn wurde heute mit der Weihnachtsbäckerei begonnen. Das war Brauch seit vielen, vielen Jahren.

Aber zunächst füllte Agnes Fischsuppe in zwei tiefe Holzschalen und schnitt zwei große Stücke von dem Brotlaib ab. Nikolaus und Hanno setzten sich dankbar vor die beiden dampfenden und nach Fisch duftenden Teller. Ihr Tischgebet fiel heute ungewöhnlich kurz aus. Und dann konnte man nichts anderes mehr hören als ihr Schlürfen und Schmatzen und das Schaben der Holzlöffel. Und das gelegentliche Knistern und Knacken der brennenden Holzscheite. Agnes saß mit ihnen am Tisch und beobachtete vergnügt, wie es den beiden schmeckte. Als ihre Teller leer waren, fragte sie nicht, sondern füllte beide noch einmal mit der großen Schöpfkelle bis zum Rand voll.

»Also, wenn ich ein Fisch wär', dann möchte ich nur in deiner Fischsuppe landen, Agnes. So was von lecker!«, schwärmte Nikolaus und wischte mit einem Stück Brot den Teller sauber.

In diesem Augenblick ging die Türe auf und seine Mutter kam ins Haus. In dem kurzen Moment, in dem die Türe offen war, sah Nikolaus, dass es draußen inzwischen stockdunkel war und noch genauso heftig schneite wie zuvor. Er lief zu seiner Mutter und umarmte sie.

»Aber, Nikolaus, du wirst doch ganz nass und kalt.«

»Macht nichts. Das trocknet wieder.«

»Wie war's in der Schule? Habt ihr Bruder Franziskus wieder geärgert? Den armen Mann.«

»Nö, kann man eigentlich nicht sagen«, sagte Nikolaus. »Was meinst du, Hanno?«

»Nö«, sagte Hanno und schüttelte seinen Kopf. »Nicht wirklich.«

Damit war das Thema für die beiden erledigt.

Agnes hatte inzwischen den Tisch abgeräumt und mit einem Lappen sauber abgewischt. Sie verteilte kleine Schalen und verschiedene Gerätschaften auf dem Tisch und schob ihn noch etwas näher an das Feuer. Schließlich holte sie aus einer Ecke ein großes Buch, das so aussah, als ob es schon oft benutzt worden wäre.

Agnes räusperte sich. Sie schlug das Buch an der Stelle auf, an der ein roter Faden zwischen den Seiten hervorschaute. Dann bat sie die vier Jungen, sich nebeneinander vor den Tisch zu stellen.

»Nikolaus, Hanno, Andreas und Jakob«, sagte sie ernst, »ich werde euch jetzt zu Bäckerlehrlingen machen. Ihr sollt heute die Kunst des Backens von Pfefferkuchen erlernen. Das Rezept für diesen Pfefferkuchen ist allerdings streng geheim, es befindet sich seit zweihundert Jahren im Familienbesitz. Und deshalb fordere ich euch auf, jetzt eure rechte Hand auf euer Herz zu legen und zu schwören, alles geheim zu halten, was ihr heute von mir erfahren werdet. Immer dann, wenn ich sage, ‚ich schwöre es', wiederholt ihr diese Worte. Verstanden?«

Alle nickten mit ernster Miene. Sie hatten sofort verstanden, dass es sich um ein Spiel handelte, aber sie spielten es gerne mit.

Agnes blickte in das Buch, benötigte eine Weile, um ein Lächeln zu unterdrücken, und begann zu lesen:

»Hiermit schwöre ich feierlich, dass ich die Regeln des Bäckerhandwerks genauestens beachten werde, keine anderen als die zugelassenen Zutaten verwenden und beim Wiegen nicht schummeln werde. Ich schwöre es.«

»Ich schwöre es«, antworteten die vier zukünftigen Lehrlinge einstimmig.

»Ich werde die Anweisungen meines Meisters stets befolgen, werde mich nie über zu harte Arbeit beklagen und immer nur mit sauber gewaschenen Händen in die Backstube kommen. Ich schwöre es.«

»Ich schwöre es«, antworteten die vier und schielten dabei prüfend auf ihre Hände.

»Und ich werde niemals und unter gar keinen Umständen die Rezepte verraten, nach denen in dieser Küche gekocht und gebacken wird. Das gilt ganz besonders für die Pfefferkuchen. Ich schwöre es.«

»Ich schwöre es«, antworteten sie erneut.

»Dann ernenne ich euch hiermit zu Bäckerlehrlingen. Herzlichen Glückwunsch«, sagte Agnes feierlich und legte das Buch wieder zurück an seinen Platz.

Hätte sich jemand die Mühe gemacht, dieses Buch selbst in die Hand zu nehmen, so hätte er sich gewundert. »Gewürze aus dem Klostergarten und ihre heilende Wirkung« stand in großen Buchstaben auf dem Umschlag. Aber niemand interessierte sich jetzt für dieses Buch.

»Dann kann es jetzt losgehen«, fuhr Agnes fort und nahm eine kleine Schale in die Hand, die sie vorher zusammen mit anderen auf den Tisch gestellt hatte.

»Wer weiß, was das ist?«, fragte sie die neuen Lehrlinge und führte die Schale mit einer langsamen Bewegung an ihren Gesichtern vorbei. Vier neugierige Nasen folgten ihr.

»Ich denke, schwarzer Pfeffer«, sagte Andreas.

»Richtig«, antwortete Agnes. »Den brauchen wir für den Pfefferkuchen. Und was ist das?«

Nacheinander nahm sie Schalen mit anderen Gewürzen, zum Beispiel Zimt, Nelken, Ingwer und Muskatnuss, hielt sie ihnen unter die Nase und tat entrüstet, wenn sie keine oder eine falsche Antwort erhielt.

»Jetzt noch Weizen- und Roggenmehl im Verhältnis 4 zu 1 abwiegen und langsam durch dieses Sieb sieben. Ich frag' lieber erst gar nicht, wie viel Roggenmehl das ist bei einem Kilo* Weizenmehl. Aber nur auf das Tuch sieben und nicht über den ganzen Tisch und eure Hosen verteilen. Und du, Andreas, hol mal den Honig, der müsste jetzt flüssig sein. Pass auf, der Topf wird sehr heiß sein!«

»Autsch! Mann, ist das heiß!«, schrie Andreas lauter, als er dies wollte und steckte seine Hände schnell in den hölzernen Wassereimer.

»Richtig. Ich hab's dir gesagt.«

Nikolaus und Hanno schüttelten und rüttelten das runde Sieb so lange, bis das Mehl aus dem Sieb verschwunden war und sich auf dem Tuch darunter zu einem kleinen Berg aufgetürmt hatte. Vorsichtig, damit Agnes es nicht merkte, pusteten sie ab und zu durch das Sieb in den Mehlhügel und freuten sich über die kleinen weißen Mehlwölkchen, die über den Tisch flogen.

»So, jetzt kippen wir alles zusammen, den Honig, das Mehl und die Gewürze und verrühren es zu einer festen Masse. Wer fängt an?«

Andreas stand etwas abseits und blies kühle Luft in seine Hände.

»Komm her, Hanno. Du fängst an. Aber rühre nicht so wild am Anfang, sonst hast du mehr Mehl im Gesicht als im Trog. Nikolaus und Jakob, haltet mal den Trog an beiden Enden fest, damit er beim Rühren nicht umkippt. So ist's richtig.«

Und schließlich, nachdem sie sich beim Rühren ein paar Mal abgewechselt hatten – denn das war anstrengender, als sie dachten –, war Agnes mit dem Ergebnis zufrieden. Vor ihnen lag ein großer Batzen Pfefferkuchenteig.

Nikolaus' Mutter hatte inzwischen die Holzkiste mit den Pfefferkuchenformen geholt und legte sie, eine nach der anderen, so vorsichtig und bedächtig auf den Tisch, als wären sie etwas ganz besonders Kostbares. Alle Formen und Figuren waren kunstvoll in ein handgroßes Stück Holz geschnitzt: Engel, Sterne, Herzen, Fische, ein Schaukelpferd, ein Stadttor und vieles andere mehr. Es war auch eine Frauengestalt darunter. Das »Kathrinchen«. Sie durfte natürlich nicht fehlen. Heute, am Namenstag der heiligen Katharina.

»Jeder von euch darf sich jetzt drei Formen aussuchen«, sagte Nikolaus' Mutter.

Nikolaus wählte als erstes den Stern, der einen langen Schweif hinter sich herzog, dann einen Fisch und das Stadttor. Dann holte er sich, wie auch die drei anderen, ein Nudelholz vom Bord und eine Hand voll Mehl, das er auf seinem Teil des Tisches verteilte. Und los ging's. Nudelholz mit Mehl einreiben, den Teig ausrollen, die

Form ausfüllen, die Form umstürzen, den Rand abstechen, den ersten Stern vorsichtig aufs Blech legen. Und so weiter und so fort. Dann wieder Nudelholz mit Mehl bestäuben, den Teig ausrollen, die Form …

Agnes und die Hausherrin freuten sich darüber, mit welchem Ernst und Feuereifer die vier zu Werke gingen. Ihre Haare, Nasen, Ellenbogen und Kittel waren mindestens genauso weiß geworden wie der Tisch vor ihnen.

Schließlich war das erste Blech voll und wurde in den Brotofen geschoben, in dem schon lange eine Gluthitze herrschte. Jetzt hatten sie etwas Zeit zum Verschnaufen und klopften sich mit weißen Händen etwas Mehl von ihrer Kleidung. Die sah hinterher allerdings eher weißer aus als vorher.

»Erzählt doch mal von der Schule«, forderte Agnes sie auf. »Bis ihr das zweite Blech machen könnt, habt ihr noch genügend Zeit.«

Normalerweise berichtete Nikolaus wenig über das, was in der Schule geschah. Er hatte einfach keine Lust dazu. Aber heute war das anders, heute war ja wirklich etwas Besonderes passiert. So erzählten Nikolaus und Hanno ganz ausführlich, was sie in dem Kontor erlebt hatten, welche Felle auf dem Boden lagen, wie sie Herrn Rockendorf bei der Planung seiner nächsten Handelsreise beraten mussten, wie er sie mit Feigen und Nüssen bewirtete und schließlich wie Kapitän Pape ihnen sein Schiff zeigte.

»Und deswegen musste Latein heute leider ausfallen«, sagte Nikolaus grinsend. »Schiffe gehen vor.«

Seine Mutter schüttelte ungläubig ihren Kopf.

Die beiden Jungen schienen die Backstube völlig vergessen zu haben, obwohl es inzwischen herrlich nach frischem Pfefferkuchen duftete und Agnes zum Ofen eilte, um das Blech herauszuziehen.

»Ja, und dann hatten wir Assisi, und der hat uns erklärt, dass wir mit ihm zu Weihnachten in der Johanneskirche das Krippenspiel aufführen sollen«, sagte Hanno. »Deshalb haben wir in seiner Unterrichtsstunde das Krippenspiel organisiert. Oder zumindest damit angefangen. Assisi war nämlich nicht wirklich vorbereitet und wir mussten ihm dauernd erzählen, was man bei so einem Krippenspiel alles beachten muss.«

»Der arme Mann!«, seufzte Nikolaus' Mutter. Sie konnte sich offensichtlich gut vorstellen, wie diese Stunde verlaufen war.

»Und außerdem wird es in diesem Jahr viele Verbesserungen geben«, fuhr Hanno fort. »Wahrscheinlich darf auch Balthasar mitspielen, Schafe werden blöken und Ochs' und Esel bekommen auch eine Stimme. Und wir werden uns noch mehr tolle Sachen ausdenken.«

»Um Gottes willen!« Selbst Agnes war etwas erschrocken. Sie hob gerade die ersten Pfefferkuchen vorsichtig vom Blech.

»Möchte jemand probieren?«, fragte sie die Jungen. Aber anscheinend hatte sie niemand gehört.

»Den Stern von Bethlehem«, fuhr Hanno eifrig fort, »wird es in diesem Jahr wohl nicht geben. Nikolaus hat den Assisi davon überzeugt, dass kein Stern, auch nicht der Stern von Bethlehem, einfach über einem Haus stehen bleiben kann. Alle Sterne, auch der Mond, seien immer in Bewegung. Und dann hat er Assisi vorgeschlagen, er, Nikolaus, könnte entweder gleich am Anfang den Gläubigen mitteilen, dass es heute leider keinen Stern von Bethlehem zu sehen gibt, weil das Wetter viel zu schlecht ist. Oder aber er könnte sich auf das Dach des Stalls setzen und den Stern in großen Kreisen durch die Luft schwingen. Da war es dem Assisi doch lieber, dass es schlechtes Wetter gibt.«

»Aber das geht doch nicht, Nikolaus!«, rief seine Mutter. Sie war wirklich entrüstet. »Ihr könnt doch nicht einfach den Stern von Bethlehem verschwinden lassen!«

Nikolaus hatte sich einen fertig gebackenen Stern von Bethlehem vom Tisch genommen und steckte ihn in den Mund.

»Kann mach doch. Guck, scho einfasch geht dasch.« Er grinste und kaute und nuschelte gleichzeitig. »Weg ist er. Und lecker war er auch!«

»Nikolaus!«, stöhnte seine Mutter tadelnd. »Nichts ist dir heilig. Alles musst du immer in Frage stellen. Kein anderer ist so wie du. Junge, Junge, was soll nur aus dir werden?« Sie sah ihn vorwurfsvoll und besorgt an.

Nikolaus hatte sich wie die anderen wieder über den Tisch gebeugt und rollte eine neue Portion Pfefferkuchenteig aus.

Als das zweite Blech fertig war, durfte jeder noch zwei Pfefferkuchen naschen. Alle anderen wurden von Agnes in ein Tongefäß gelegt und mit einem Tuch zugedeckt.

»Die sind für Weihnachten«, sagte sie.

Als die Küche aufgeräumt und sauber war, und Hanno und Jakob im Schneetreiben verschwunden waren, gab Nikolaus Balthasar ein Zeichen und ging nachdenklich die Treppe hoch zu seiner Kammer. Auch wenn er nichts davon erzählt hatte, die blutigen Kratzer in Gregors Gesicht beschäftigten ihn schon den ganzen Tag. Morgen würde er hoffentlich wissen, was passiert war.

»Und lass heute mal die Dachluke zu«, rief seine Mutter von unten, als er schon oben angekommen war. »Es ist viel zu kalt. Du holst dir noch den Tod.«

Die Dachluke stand bereits offen. Das Schneetreiben hatte etwas nachgelassen, Sterne waren jedoch nicht zu sehen.

»Nur Schnee und Wolken heute. Ich geh' ins Bett. Gute Nacht«, rief er nach unten.

»Mal schau'n«, dachte er, als er im Bett lag. »Wenn ich noch eine Weile wach bleibe, dann seh' ich später noch mal nach. Vielleicht wird es ja doch noch klar.«

Aber dazu kam es an diesem Abend nicht mehr. Wenig später war er bereits eingeschlafen. Mit Balthasar auf seinen Beinen.

Torun (Thorn) und die Weichsel im Winter

Das Kopernikus-Museum, möglicherweise das Geburtshaus von Nikolaus

Die Johanneskirche

Das Seglertor, mit der Weichsel im Hintergrund

Zutaten für den Pfefferkuchen

Der Arbeitstisch

Im Pfefferkuchenladen

Frombork (Frauenburg)

Frombork (Frauenburg) mit Frischem Haff im Hintergrund

Kopernikus-Statue in Torun (Thorn)

Mondexperimente

»Ich könnte den Kerl glatt zum Mond schießen. Dieser Gregor ist noch viel gemeiner, als ich dachte.«

Nikolaus hatte ein rotes Gesicht und ballte seine Fäuste. Er war richtig wütend. Er stand im Klassenraum vor seinem Platz und konnte sich gar nicht beruhigen.

»Das müsst ihr euch mal vorstellen«, sagte er so laut, dass Schüler einer anderen Klasse neugierig durch die offene Türe blickten. »Er hat mitbekommen, dass Balthasar morgens bei Löwenzahn ist, wenn wir in der Kirche sind. Dann ist er gestern während der Morgenandacht zu Löwenzahn gegangen und hat sich bei ihm eingeschleimt. Er wüsste ja nun, hat er zu Löwenzahn gesagt, dass er jeden Morgen die Katze vom Kopernikus im Haus hätte. Das könnte man einem alten Mann doch gar nicht zumuten. Er, Gregor, möchte ihm gerne helfen und selbst ab und zu mal auf die Katze aufpassen. Das wäre ein Vergnügen für ihn. Er habe Balthasar schon immer gemocht. – Was für ein Lügner! Der würde Balthasar noch auf dem Weg zurück zur Schule den Hals umdrehen.«

Nikolaus' Stimme bebte vor Wut.

»Und bevor Löwenzahn es verhindern konnte, war Gregor schon im Haus und suchte Balthasar. Das muss man sich mal vorstellen, wie dreist der Typ ist. Es dauerte nicht lange, dann hatte er ihn gefunden. Ein kleines Mädchen, Katharina heißt sie, hatte ihn auf dem Arm. Sie spielt mit ihm jeden Morgen. Ohne ein Wort zu sagen, ging Gregor auf sie zu, griff nach Balthasar und versuchte, ihn ihr wegzunehmen. Löwenzahn und das Mädchen waren so sprachlos, dass sie gar nicht wussten, was sie machen sollten. Aber Balthasar wusste es. Er hat wohl sofort gespürt, dass ihm Gefahr drohte. Löwenzahn hat mir erzählt, dass Balthasar Gregor wie eine Furie angesprungen ist und ihm mit seinen scharfen Krallen das Gesicht und auch die Hände zerkratzt hat.«

»Also war es doch so, wie wir uns das gestern gedacht haben«, sagte Lukas.

Nikolaus nickte.

»Löwenzahn hat mir versprochen«, fuhr er etwas ruhiger fort, »dass er ab sofort seine Türe nicht mehr öffnen wird, wenn wir in der Kirche sind. Ich habe ihm auch erzählt, dass es noch einen anderen Mann gibt, der Balthasar stehlen könnte. Den Mann, den Simon gesehen hat.«

Die Schüler blickten schweigend zu Balthasar hinüber, der sich vor Nikolaus' Platz auf den Boden gelegt hatte. Spätestens jetzt war ihnen klar, dass sie mit allem rechnen mussten. Gregor meinte es wirklich ernst.

»Man sollte ihn wirklich auf den Mond schießen, diesen Widerling«, sagte Lukas, »vielleicht mit einem großen Katapult. Mit einem Katapult, wie es schon die alten Römer gebaut haben.«

Bevor jemand auf diesen Vorschlag reagieren konnte, hörten sie eine Stimme hinter sich.

»Na, dann sollten wir mal darüber nachdenken, wie wir das gemeinsam hinkriegen«, sagte Bruder Fredericus und schloss die Türe.

Bruder Fredericus war ihr Mathematiklehrer und fast immer gut gelaunt. Es verging kein Tag, an dem er sie nicht mindestens einmal mit seinen witzigen Bemerkungen zum Lachen gebracht hätte. Es konnte auch passieren, dass er Witze über die Schüler machte, die sich im Unterricht gar zu dämlich anstellten. Aber Bruder Fredericus durfte das, keiner nahm ihm das übel. Es war klar, dass er nur Spaß machte und sie nicht verletzen wollte.

Die Schüler wussten nicht, wie sie reagieren sollten. Was hatte Bruder Fredericus gehört? Hatte er verstanden, wen sie auf den Mond schießen wollten? Sollten sie ihm erklären, worum es ging?

»Vielleicht sollten wir erst einmal herausbekommen«, fuhr Bruder Fredericus fort, »wie weit der Mond von der Erde entfernt ist, bevor wir uns überlegen, wie man ein großes Katapult baut. Und erst danach, wer der Glückliche sein soll, der damit zum Mond reisen darf.«

Einige Schüler seufzten erleichtert. Offensichtlich hatte Bruder Fredericus nicht mitbekommen, über wen sie geredet hatten.

»Also, was habt ihr gestern Nachmittag gesehen? Oder habt ihr etwa vergessen, in den Himmel zu schauen?«

Fast alle Schüler meldeten sich.

»Fang du mal an, Bertram.«

»Es dauerte ganz schön lange, bis ich überhaupt etwas erkennen konnte. Die Sonne hat so fürchterlich geblendet, dass ich fast blind wurde. Und ich habe nur einmal ganz kurz geguckt.«

»Hab' ich euch nicht gesagt, ihr dürft nicht einfach so in die Sonne schauen, ihr Blindfische? Ihr solltet ein dünnes Tuch nehmen und die Sonne abdecken. Mann oh Mann oh Mann!«

»Ich sah übrigens stundenlang nur noch rote und blitzende Punkte, nachdem ich vorschriftsmäßig in die Sonne geschaut habe«, sagte Eberhard ungefragt. »Deshalb habe ich nichts von der ganzen Sonnenfinsternis gesehen. Fand ich blöd.«

»Tja, Eberhard, mein Mitgefühl. Dann hast du gestern leider das Wichtigste verpasst. Aber keine Sorge, in ein paar Jahren bekommst du eine neue Chance. Wer erzählt nun unserem Eberhard, was er gestern nicht mitgekriegt hat?«

»Also gestern flog etwas vor der Sonne vorbei. Ganz langsam. Und die Sonne war fast nicht mehr zu sehen«, sagte Albrecht vorsichtig. »Ich weiß aber nicht, was es war. Rund war es aber auf jeden Fall.«

»Genau«, fuhr Johann fort, »es muss also etwas zwischen Sonne und Erde durchgeflogen sein, sonst hätte man das ja nicht sehen können.«

»Hanno, du bist dran.«

»Das war der Mond, der sich vor die Sonne geschoben hat«, sagte Hanno. »Und deshalb gab es eine teilweise Sonnenfinsternis. Man konnte den Mond gut erkennen und die Sonne war nur noch eine schmale Sichel. Sah toll aus.«

»Gut, Hanno. Möchte noch jemand etwas dazu sagen?«

»Woran liegt es eigentlich, dass der Mond nur ganz selten so fliegt, dass er die Sonne verdeckt?«, wollte Nikolaus wissen. »Ist es vielleicht so, dass sich die Flugbahnen von Sonne und Mond dauernd verändern? Kann das sein?«

Bruder Fredericus antwortete nicht sofort.

»Das wird wohl so sein, wie du sagst, Nikolaus. Anders kann man sich das nicht erklären. Vielleicht fliegt jeder Himmelskörper mit seiner eigenen Geschwindigkeit und in unterschiedlichen Bahnen. Und ab und zu ist es dann so, dass der Mond vor der Sonne vorbeifliegt. Gute Frage, Nikolaus.«

»Ja, Friedrich?«

»Ich hatte das Gefühl, dass der Mond und die Sonne gleich groß waren. Man konnte das nicht genau erkennen, weil der Mond nicht direkt vor der Sonne vorbeiflog. Aber ich glaube, es war so.«

Bruder Fredericus sagte nichts dazu. »Was denken die anderen?«

»Ja, ich glaube, es stimmt, was Friedrich sagt«, antwortete Simon. Fast alle anderen Schüler nickten.

»Das heißt also«, sagte Bruder Fredericus, »der Mond ist genauso groß wie die Sonne. Richtig?«

Niemand redete, alle überlegten.

»Oder«, sagte Nikolaus nach einer ganzen Weile, eher so, als ob er mit sich selbst reden würde und nicht mit den Mitschülern. »Oder aber es heißt, dass die Sonne größer ist als der Mond, aber viel weiter weg von der Erde als der Mond.«

»Großartig, Nikolaus«, sagte Bruder Fredericus und strahlte ihn an, »genau so ist es. Schon die alten Griechen haben nämlich herausgefunden, dass die Sonne 19-mal weiter von der Erde entfernt ist als der Mond*. Das bedeutet, dass die Sonne auch viel größer ist als der Mond.«

»Das kann ich mir nicht vorstellen«, sagte Martin nach einer Weile. »Wie kann man das denn rauskriegen, wenn man das gar nicht abmessen kann?«

»Stimmt, das kann man zwar nicht abmessen, aber ausrechnen«, antwortete Bruder Fredericus. »Und die schlauen alten Griechen haben auch herausbekommen, dass, wenn die Entfernung 19-mal größer ist, auch die

Sonne selbst genau 19-mal größer sein muss als der Mond.«

Keiner sagte ein Wort. Alle sahen Bruder Fredericus ungläubig an.

»Ich glaube den Griechen kein Wort mehr«, sagte Peter schließlich. »Die haben schon so wilde Märchen über Herakles erfunden. Der soll einen Löwen mit seinen bloßen Händen erwürgt haben. Und dann hat er mal eben zwei Flüsse umgeleitet und so an einem einzigen Tag einen Stall gesäubert, der mindestens halb so groß wie Thorn gewesen sein muss. ‚Das ist doch alles Mumpitz', hat mein Opa gesagt, als ich ihm das erzählt habe. ‚An welcher Schule bist du eigentlich?', wollte er dann auch noch wissen. Das wird er mich heute wieder fragen, wenn ich nach Hause komme.«

»Also, ich weiß auch nicht, wie das gehen soll«, sagte Bertram. »Wenn man etwas so Kompliziertes wie die Entfernung zur Sonne berechnen will, dann müsste man doch sicher monate- oder jahrelang gucken und rechnen und immer wieder nachgucken und noch einmal rechnen. Da ist man doch spätestens nach zwei Tagen blind. Das kann doch kein Mensch aushalten. Die Griechen haben bestimmt nur gewürfelt. Ich glaube das auch nicht, das mit der 19.«

»Ich brauch' das alles sowieso nicht«, meinte Mathias etwas träge, »mir reicht das, was ich hier unten in Thorn alles nicht verstehe. Ich will gar nicht nachrechnen, was die Griechen schon alles im Himmel gerechnet oder gewürfelt haben. Von mir aus kann die Sonne auch gerne 20-mal größer sein als der Mond. Oder auch 200-mal weiter weg sein. Das ist mir völlig egal.«

»Gegen diese trübe Stimmung muss man etwas tun«, sagte Bruder Fredericus und schmunzelte. »Dann kommt doch einfach mal mit! Ich zeig' euch was.«

Fünf Minuten später waren sie auf der Straße. Bruder Fredericus hatte seinen Schülern nicht allzu viel von dem verraten, was er mit ihnen vorhatte. Er hatte etwas von einem kleinen Experiment gemurmelt und gesagt, dass sie alles anziehen sollten, was sie dabei hatten. Es sei noch kälter geworden. Als sie das Schulgebäude verließen, merkten sie sofort, dass er Recht hatte. Es wehte ein beißender Ostwind. Gott sei Dank fiel kein Schnee.

Aus der Küche hatte sich Bruder Fredericus ein leeres Holzfass besorgt, das Johann und Simon auf dem festgetretenen Schnee vor sich her rollten. Bruder Fredericus trug einen Ziegelstein in seiner linken Hand. Keiner hatte eine Ahnung, was er damit vorhatte. Sie gingen Richtung Seglertor. Das war ja nicht weit, praktisch gleich um die Ecke. Balthasar blieb heute ausnahmsweise ganz dicht bei Nikolaus. Das Holzfass war ihm offensichtlich unheimlich.

Einige Meter vom Seglertor entfernt hielt Bruder Fredericus an, richtete mitten auf der Straße das Holzfass so auf, dass die geschlossene Seite nach oben zeigte. Er drehte und ruckelte es so lange hin und her, bis es kerzengerade stand. Keiner seiner Schüler bemerkte, dass die Stelle, auf der sich das Fass befand, vorher mit einem Kreuz im Schnee markiert worden war. Nun stellte er den Ziegelstein senkrecht auf den Fassboden, holte ein Seil aus einer seiner Taschen und bat seine Schüler zu sich.

»Eberhard, komm mal her, ich brauche deine Nase«, sagte er gut gelaunt.

Ganz automatisch hielt Eberhard seine Nase mit der rechten Hand fest und schüttelte seinen Kopf.

»Mach' ich nicht«, sagte er empört.

»Ich will deine Nase nur ausleihen, zusammen mit deinem Gesicht.«

Eberhard blickte immer noch völlig verdattert.

»Komm einfach zu mir, es passiert dir nichts.«

Zögernd kam Eberhard zu Bruder Fredericus. Der schob ihn vorsichtig vor das Fass und bat ihn, das eine Ende des Seils an seine Nase zu halten. Mit dem anderen Ende ging Bruder Fredericus zum Ziegelstein.

Einige Schüler kicherten und machten dumme Bemerkungen. Verständlicherweise.

»Nun geh mal vorsichtig einen kleinen Schritt rückwärts, Eberhard, bis das Seil gespannt ist. Halt - noch ein kleines Stück. Stopp! Genau da stehen bleiben!«

Mit einem kurzen Stock, den er ebenfalls aus seiner Kutte hervorholte, machte er einen langen Strich in den Schnee, direkt vor Eberhards Schuhspitzen.

»Und nun zu euch«, sagte er zu den anderen Schülern. »Ihr stellt euch jetzt bitte alle hinter Eberhard auf. Einer hinter dem anderen. Nur wenn ein Pferdefuhrwerk kommen sollte, macht ihr Platz, sonst nicht. Verstanden?«

»Eure Aufgabe ist es, mit euren Zehenspitzen genau hier vor der Linie zu stehen, ein Auge zuzukneifen – oder zuzuhalten – und mit dem anderen auf den Ziegelstein zu schauen und auf das Seglertor dahinter. Jeder sagt mir dann, was er vom Seglertor sehen kann. Los geht's! Eberhard ist der Erste.«

Einige hatten Schwierigkeiten, ein Auge zuzukneifen und hielten es deshalb mit einer Hand zu. Mathias sah am Anfang gar nichts, weil er mit seiner linken Hand beide Augen zuhielt.

Aber schließlich und endlich kamen alle zu dem gleichen Ergebnis. Sie konnten nur einen ganz schmalen Rand des Tores hinter dem Stein erkennen. Einige auch gar keinen.

»Gut gemacht«, sagte Bruder Fredericus. »Und jetzt nehmen zwei von euch dieses Seil, es ist genau einen Meter lang. Die beiden messen ab, wie oft das Seil zwischen dem Strich vor dem Fass und das Tor passt. Hier ist mein Stock, damit markiert ihr mit einem Strich das Ende des Seils und schreibt die Zahl in den Schnee. 1, 2, 3 und so weiter. Die anderen schauen zu und passen auf, dass die beiden ganz genau arbeiten. Wer misst? In Ordnung: Lukas und Hanno. Los geht's!«

Das Abmessen war schwieriger als sie dachten, weil Balthasar dauernd versuchte, ein Ende des Seils zu erwischen und mit Hanno und Lukas zu spielen. Aber dafür hatten die beiden jetzt keine Zeit. Sie hatten eine wichtige Aufgabe zu erledigen. Als sie schließlich die Zahl 19 direkt am Tor in den Schnee geschrieben hatten, wussten sie, was sie gemacht hatten: Sie hatten die Sonnenfinsternis mit dem Backstein und dem Seglertor nachgestellt. Das fanden Bertram und Eberhard besonders toll, denn sie hatten gestern ja nichts gesehen.

»Und jetzt möchte ich von euch noch wissen, wie groß die Sonne ist. Ich meine natürlich das Seglertor. Der Backstein misst 35 cm x 20 cm*. Wenn ihr es ausgerechnet habt, dann fragt ihr die Wächter am Tor, die sollten es eigentlich wissen.«

»Die wussten nur, dass das Tor sechseinhalb Meter hoch ist und knapp 4 Meter breit«, berichteten seine

Schüler 10 Minuten später. »Aber das kommt ja auch ungefähr hin. Stimmt's?«

»Richtig«, sagte Bruder Fredericus, »das habt ihr gut gemacht, ihr Himmelsforscher. Wer heute Abend noch den Mond beobachten und rauskriegen will, wie groß die Entfernung zwischen Mond und Erde ist, der kommt um 8 Uhr wieder hierher. Heute ist nämlich Vollmond, da geht das besonders gut. Sagt euren Eltern, dass es bestimmt nicht länger als eine Stunde dauern wird. Und jeder von euch bringt ein paar getrocknete Erbsen mit. Auf keinen Fall gekochte, verstanden?«

Vergnügt zogen seine Schüler los und hatten das Gefühl, das Weltall erobert zu haben. Mathias traf auf dem Weg nach Hause seine Tante Hedwig.

»Du, Tante Hedwig, Bruder Fredericus hat uns heute beigebracht, wie man ein Stadttor verschwinden lassen kann«, erzählte er ihr aufgeregt. »Und heute Abend machen wir mit dem Mond weiter. Und vielleicht auch mit Gregor, wenn wir gut drauf sind. Du, tschüs, ich muss jetzt los.«

»Ja, ja, ist schon recht«, rief sie ihm hinterher und seufzte. »Was der Junge bloß immer im Kopf hat! Nur verrückte Sachen. Nie was Normales.«

»Wie viele Erbsen hast du dabei, Lukas?«, wollte Johann wissen.

»Häääää...?«

»Wie viele Erbsen hast du?«

»Ich versteh' dich nicht. – Oh, das liegt wohl an den Erbsen.«

Mit seinen kalten Fingern pulte er sich links und rechts eine Erbse aus seinen Ohren. Er grinste Johann an:

»Meine Taschen sind voller Löcher und die Erbsen in den Händen zu halten, war so umständlich. In den Ohren sitzen sie sicher und bequem. Wie in einem Nest. Schöne Sache.«

Sie standen direkt hinter dem Seglertor auf der verschneiten Wiese, die zur Weichsel hinunterführte. Die Glocken der Johanneskirche schlugen gerade achtmal.

»In die Nasenlöcher hättest du sie auch tun können«, sagte Martin, der gerade ankam. »Wäre sicher noch lustiger gewesen.«

»Gute Idee«, sagte Johann, »mach mal vor. Dann siehst du bestimmt aus wie ein Pferd mit geblähten Nüstern.«

Martin ließ sich das nicht zweimal sagen. Kaum hatte er die Erbsen in seinen Nasenlöchern versenkt, erschien Bruder Fredericus und begrüßte sie.

»Was hast du denn mit deiner Nase gemacht, Martin?«, wollte er von ihm wissen. »Bist du gegen einen Baum gelaufen?«

»Nein«, sagte er. Seine Stimme hörte sich völlig verändert an. »Ich habe mich nur etwas erkältet.«

Wie gut, dass es dunkel war und nur der Mond für etwas Helligkeit sorgte. Deshalb konnte niemand sehen, wie knallrot sein Gesicht angelaufen war.

»Hat jeder Erbsen dabei?«, fragte Bruder Fredericus.

Alle Schüler nickten.

»Gut, dann kann es losgehen.«

»Ha-Ha-Hatschschschiiiiiii!!!« Das hörte sich so an, als ob direkt neben ihnen ein Blitz eingeschlagen wäre.

»Gesundheit«, schallte es von allen Seiten.

»Mann oh Mann oh Mann«, sagte Bruder Fredericus mitfühlend, »da hat sich aber einer mächtig erkältet.«

»Hat jemand mal 'ne Erbse für mich?«, fragte eine kleinlaute Stimme.

»Also, dann nimmt jetzt jeder seine Erbse«, sagte Bruder Fredericus, »zwischen Daumen und Zeigefinger und hält sie vor den Mond. Und zwar so, dass der Mond genau abgedeckt wird. Das ist nicht ganz einfach. Ich komme gleich zu jedem von euch und messe den Abstand von der Stirn zur Erbse. Ihr dürft dabei nicht wackeln. Los geht's.«

Für Menschen, die bei dem strahlenden Vollmond noch einen kleinen Abendspaziergang an der Weichsel machten, musste es ein merkwürdiger Anblick gewesen sein: 14 Arme, die sich gleichzeitig in den Abendhimmel in Richtung Mond reckten und so für einige Zeit bewegungslos verharrten.

Bruder Fredericus ging von einem zum anderen, maß die Abstände, teilte eine Zahl mit und bat darum, sie sich bis morgen zu merken. Etwas über oder unter 50 Zentimeter* waren die Abstände, die er ihnen mitteilte.

»Ihr könnt bis morgen ja schon einmal rechnen«, sagte er zum Abschied. »Die Zahl, die ich euch genannt habe, müsst ihr mal 700.000.000 nehmen. Das ist die Strecke bis zum Mond. So ganz ungefähr. Morgen früh machen wir das genauer.«

»Wie kriegen wir bloß den Gregor da hoch, das ist ja viel zu weit? Das schafft ja kein Katapult«, meinte Hanno, als er neben Nikolaus durch das Seglertor zurück in die Stadt trottete.

»Stimmt«, sagte Nikolaus, ohne weiter auf das Thema einzugehen. Er war nicht wirklich bei der Sache. Ihn interessierte etwas anderes viel mehr. Er wollte wissen, wie man die Abstände zwischen Erde und Mond und Sonne berechnete. Gleich morgen würde er Bruder Fredericus bitten, ihm das zu erklären. Egal wie schwierig es war. Egal wie lange es dauerte und wann Bruder Fredericus Zeit für ihn hatte. Er wollte es unbedingt wissen.

»Schwur ist Schwur«

Wie immer war es Mathias, der seine Nase durch den Türspalt in den Flur steckte. Wenn er den Ostwind mit wehendem Umhang auf sich zukommen sah, konnte er wie kein anderer Panik in die beiden Worte »Er kommt« legen. Oder eine große Portion Vorfreude, wenn Bruder Simon in Sicht war. Mathias brauchte keine Namen zu nennen. Allein der unterschiedliche Klang dieser beiden Worte verriet seinen Mitschülern, wer in wenigen Augenblicken die Türe öffnen würde. Heute war das anders.

»Er kommt.«

Alle Schüler sahen völlig ratlos aus. Keiner wusste, was los war.

Kurz darauf öffnete ein junger Mann schwungvoll die Türe und stellte sich an das Lehrerpult.

»Guten Morgen, Kinder«, sagte er freundlich, »ich heiße Siegfried Kordelitz und bin heute euer Lehrer. Bruder Lambertus ist erkrankt. Setzt euch.«

Die Schüler sahen ihren neuen Lehrer mit offenem Mund an. Einige drehten sich mit großen Augen und hochgezogenen Augenbrauen nach links und rechts. Der Grund hierfür war die Sprache von Herrn Kordelitz. Er kam aus Sachsen. Das waren sie nicht gewohnt, das hörte sich sehr seltsam an. Ungefähr so:

»Guuden Morgen, Ginder, ich heiße Siegfried Gordelitz und bin heude euer Lährer. Bruder Lambärdus ischd ergrangt. Sedsd eusch.«

Siegfried Kordelitz war nicht besonders groß, aber erstaunlich muskulös. Trotz seines Umhangs konnten seine Schüler dies deutlich erkennen. Auch weil er immer wieder seine Ärmel nach oben schob. Was für Muskeln!

Herr Kordelitz hatte ein freundliches Gesicht, schulterlange, lockige Haare und vor allen Dingen – wie schon gesagt – eine sehr, sehr merkwürdige Aussprache.

»Wo seid ihr gestern im Lateinunterricht stehen geblieben?«

Keiner der Schüler antwortete. Vielleicht aus Angst, sie könnten aus Versehen loskichern. Einige starrten auf den Boden. Andere grinsten hinter vorgehaltener Hand.

»Wenn ihr das lustig findet, wie ich rede, dann können wir uns ja auf Lateinisch unterhalten.«

Eberhard reagierte am schnellsten: «Nein, nein, nein, das ist doch nicht nötig. Wir verstehen Sie prima. Machen Sie doch bitte einfach weiter.«

»Also, noch mal, was war eure Aufgabe zu heute?«

Zaghaft meldeten sich die ersten Schüler zu Wort.

»Oh, Herr Kordelitz, muss das denn sein, können wir nicht mal was anderes machen als Latein?«

»Das machen wir eh jeden Tag.«

»Das läuft uns doch nicht weg.«

»Vielleicht könnten Sie uns ja was erzählen. Was Neues.«

»Oder wir könnten was Schönes mit Ihnen spielen.«

»Vielleicht eine Schneeballschlacht machen.«

»Oder einfach nur spazieren gehen.«

Herr Kordelitz hob die Hand als Zeichen dafür, dass er genügend unsinnige Vorschläge gehört hatte.

»Das ist doch nur Firlefanz und kein Unterricht«, sagte er bestimmt.

»Aber mal *einen* Tag kein Latein. Nur *heute* nicht. Bitte, bitte«, flehte Eberhard.

»Na gut«, sagte Siegfried Kordelitz schließlich.

Eberhard strahlte. Herr Kordelitz war ab sofort sein Lieblingslehrer.

»Wie steht's mit griechischer Mythologie?«

»Herakles kennen wir schon, gefällt uns aber gar nicht«, sagte Peter. »Alles viel zu stark übertrieben.«

»Habt ihr schon von Odysseus gehört?«, wollte ihr Vertretungslehrer wissen.

Alle Schüler schüttelten den Kopf.

»Dann wird's aber allerhöchste Zeit«, sagte Siegfried Kordelitz und strich sich mit der linken Hand eine Locke aus seinem Gesicht.

Die Schüler hatten sich inzwischen an die lustige Aussprache ihres Lehrers schon fast gewöhnt. Sie spielte keine Rolle mehr. Jetzt wollten sie etwas über Odysseus erfahren.

»Die Geschichte, die ich euch erzählen will, spielt in der Stadt Troja. Genauer gesagt, vor der Stadtmauer von Troja. Der Schriftsteller, der diese Geschichte aufgeschrieben hat, heißt Homer*. Der wichtigste Held in diesem Buch ist Odysseus. Er ist auch heute noch bekannt, weil er besonders stark, tapfer und listig war. Das hat auch mit einem Pferd aus Holz zu tun, das er erbauen ließ.«

Peter und Hanno meldeten sich.

»Wo liegt eigentlich dieses Drooia und wie schreibt man das genau?«, wollte Hanno wissen.

»Diese Stadt heißt T-R-O-J-A und liegt im östlichen Mittelmeer.«

Herr Kordelitz zeigte auf Peter.

»Von diesem Odysseus habe ich doch schon was gehört«, sagte Peter aufgeregt. »Der hat das gemacht, was mein Opa auch kann. Mein Opa hat nämlich für meinen kleinen Bruder letztes Jahr zu Weihnachten ein Schaukelpferd aus Holz gebaut. Genau wie Odysseus. Aber das von Odysseus war vielleicht etwas größer.«

»Aber du kannst doch deinen Opa mit seinem Schaukelpferd nicht mit Odysseus vergleichen!«, antwortete Herr Kordelitz etwas lauter, als er dies eigentlich wollte. »Mit dem größten Helden der griechischen Mythologie! Zwischen deinem Opa und Odysseus liegen Welten.«

Herr Kordelitz holte ein paar Mal tief Luft.

»Und dann gibt es da noch eine Frau«, fuhr er fort, »die in der Geschichte eine wichtige Rolle spielt. Sie ist sehr, sehr schön, heißt Helena und ist die Frau von Menelaos, dem König von Sparta*. Nun muss man noch wissen, dass es sehr, sehr viele wichtige Männer gab, die selbst gerne diese Helena geheiratet hätten. Aber Helena wollte nur den Menelaos und keinen anderen. Und alle diese Männer haben nach deren Hochzeit gemeinsam geschworen, Helenas Ehe mit Menelaos zu respektieren und sie sogar mit Waffen und notfalls mit ihrem Leben zu verteidigen. Hört sich merkwürdig an, war aber so.«

Siegfried Kordelitz wartete einen kurzen Augenblick, bevor er fortfuhr.

»Alles klar so weit? Troja, Homer, Odysseus, Helena, Menelaos, alles noch im Kopf? – Gut!«

»Der ganze Schlamassel begann damit, dass ein junger Mann die Helena entführte. Paris* hieß die Vollmeise. Er sagte, »ich liebe dich« und segelte mit ihr nach Troja.

Das war seine Heimatstadt. Menelaos war stinksauer, dass jemand seine schöne Frau geklaut hatte, ist ja klar, und erinnerte alle Männer an den Schwur, den sie geleistet hatten. Und so zogen sie alle gemeinsam in den Krieg gegen Troja, um Paris zu bestrafen und Helena zurückzuholen. Ging nicht anders. Schwur ist Schwur.«

Hanno meldete sich.

»Ja?«

»Dann gab es also so etwas Ähnliches wie die Hanse schon vor Tausenden von Jahren. Eine Hanse gegen das Klauen von Frauen. Also eine Helena-Hanse.«

»Ja, das könnte man so sagen«, antwortete Siegfried Kordelitz gut gelaunt.

»Und was ist eine Vollmeise?«, wollte Simon wissen.

Siegfried Kordelitz wusste nicht genau, ob Simon ihn auf den Arm nehmen wollte oder nicht. Aber er und alle anderen Schüler warteten gespannt auf seine Antwort.

»Wer eine Vollmeise ist oder eine Vollmeise hat, der ist ein Trottel, eine Knalltüte. Alles klar?«

»Alles klar!«, kam es fröhlich zurück. Alle Jungen freuten sich über dieses schöne neue Wort.

Und dann erzählte er seinen Schülern die Geschichte des Trojanischen Krieges. Von der Armada* von Hunderten von Schiffen und Tausenden von Kriegern, die übers Meer nach Troja fuhren, von der zehnjährigen Belagerung der Stadt und der List des Odysseus, die den Krieg entschied. Von dem riesigen Holzpferd, in dem sich die tapfersten Krieger versteckten und von der Dummheit der Trojaner, die das Pferd in ihre Stadt zogen. Und schließlich von der Zerstörung Trojas, vom Tod des Paris und dem glücklichen Menelaos, der seine Helena unversehrt nach Sparta zurückbringen konnte.

»Und damit endet die Ilias«, sagte Siegfried Kordelitz, »Homers Buch über den Trojanischen Krieg. Sein zweites Buch, die Odyssee, beschreibt die Abenteuer des Odysseus auf dem Weg zurück in seine Heimat. Es dauerte noch einmal 10 Jahre, bis der große Held wieder gesund nach Ithaka* zurückkehrte.«

Dann war atemlose Stille. Alle Schüler waren beeindruckt.

Schließlich meldete sich Mathias.

»Herr Kordelitz, wie wird man eigentlich ein Held?«

»Was muss ich tun, damit ich so stark werde wie Ajax oder Achilleus. Oder wie Sie?«, wollte Simon wissen.

»Wieso haben Sie eigentlich so viele Muskeln?«, traute sich Eberhard zu fragen.

»Können Sie uns zeigen, wie man die kriegt? Die sind doch für uns im Leben bestimmt genauso wichtig wie Latein, oder?«, sagte Lukas und sah Siegfried Kordelitz direkt an. Er sagte das, was alle Schüler dachten.

Siegfried Kordelitz schmunzelte. Dann erzählte er, obwohl er eigentlich Unterricht und nicht so einen Firlefanz machen wollte, über seine Kindheit in Leipzig. Und danach von seinem Studium in Krakau, und dass er damals viel Sport gemacht und Wettkämpfe bestritten hatte. Zum Beispiel im Laufen, Seilspringen, Steine Werfen, Baumstämme Tragen, Ringen oder auch Klettern. Und dass im Frühling, wenn das Wetter wieder besser würde, er mit ihnen gemeinsam unten an der Weichsel trainieren könnte, wenn sie dann noch Lust dazu hätten.

Die Schüler johlten vor Freude, rissen ihre dünnen Arme in die Luft oder trommelten mit kleinen Fäusten begeistert auf die Pulte.

So bemerkten sie gar nicht, dass sich die Türe geöffnet hatte und jemand in den Klassenraum gekommen war. Es war Gregor.

»Was ist das denn hier für ein Irrenhaus?«, brüllte er in den Raum.

Die Freude der Schüler war wie weggeblasen. Es herrschte Totenstille.

Dann kam ein böses Grinsen auf Gregors Gesicht. »Hab' ich mir doch gleich gedacht, dass man bei dem Neuen machen kann, was man will.«

»Und wenn Sie hier mit Ihrem Chaos fertig sind«, sagte er geringschätzig in Richtung Lehrerpult, »dann sollen Sie zum Schulleiter kommen. Und zwar dalli-dalli.«

Atemlos verfolgten die Schüler Gregors Auftritt. Nikolaus' Herz begann zu rasen, als Gregor seinen Kopf langsam in seine Richtung drehte. Sein eisiger Blick durchbohrte ihn, nagelte ihn förmlich an die Wand. Nikolaus spürte, wie auch Balthasar unruhig wurde.

»Und immer schön d'ran denken, Kopernikus«, sagte er mit kalter Stimme, »eines Tages ist es so weit. Er entkommt mir nicht.«

Bevor Nikolaus oder auch Gregor reagieren konnten, jagte Balthasar plötzlich mit wilden Sprüngen durch den Klassenraum, an Gregor vorbei, durch die offene Türe in den Gang hinaus.

Im ersten Moment war Nikolaus wie gelähmt. Dann stieß er sich mit beiden Händen von seinem Pult ab, stürzte an dem verdutzten Gregor vorbei in den Flur. Sie hörten ihn verzweifelt »Balthasar« rufen. Gregor grinste höhnisch und verließ ohne Eile den Klassenraum.

»Vielleicht klappt es ja schon heute«, hörten sie ihn vergnügt sagen, bevor er die Türe zuzog.

»So einfach wird das nicht geh'n, du Ekel«, schrie Hanno, riss die Türe auf und rannte los.

»Kann mir mal jemand sagen, was hier los ist?«, fragte Siegfried Kordelitz, als plötzlich auch alle anderen Schüler aufstanden.

Lukas erklärte es ihm mit wenigen Worten und sagte schließlich: »Und wir alle haben geschworen, dass wir Balthasar vor Gregor beschützen werden. Nikolaus braucht unsere Hilfe jetzt. ‚Schwur ist Schwur'.«

Siegfried Kordelitz nickte zweimal. Im Nu waren alle Schüler verschwunden.

Nachts in der Schule

»Hoffentlich kommt Hanno bald«, murmelte Nikolaus schon zum fünften Mal.

Er saß zitternd auf seinem Platz im Klassenraum. Es war stockdunkel und still wie auf einem Friedhof. Vor einiger Zeit hatte er die Glocke der Johanneskirche gehört. Siebenmal hatte sie geschlagen. Dann war es wieder still. So still, dass er es gehört hätte, wenn draußen im Flur eine Maus über den Holzboden gehuscht wäre. Auch von der Straße her waren keine Geräusche zu hören. Gar nichts.

Zwei Kerzenstummel lagen vor ihm auf dem Pult. Er konnte sie nicht sehen, aber er fühlte sie mit seinen Händen. Immer wieder stand er auf und ging zur halb geöffneten Türe. Obwohl er seinen Klassenraum genau kannte, ging er mit kurzen schlurfenden Schritten und vorgestreckten Armen, um nicht gegen die Wand oder gegen die Türe zu laufen. Er lauschte, ob vielleicht jemand käme. Hanno, hoffentlich. Oder Gregor, wenn er Pech hatte.

Er hatte Angst vor Gregor. Was wäre, wenn er jetzt die Schule nach Balthasar durchsuchen würde? Dabei würde er unweigerlich Nikolaus entdecken. Und was er dann mit ihm machen würde, war klar. Gregor suchte schon lange eine Gelegenheit, um seine Wut an ihm auslassen zu können. Eine ordentliche Tracht Prügel war das Mindeste, was ihm drohte.

Seine Angst wurde noch größer, wenn er an Balthasar dachte. Er malte sich aus, was alles passiert sein könnte, nachdem sein Kater kopflos davongejagt war. Was, wenn

Gregor oder sein Freund ihn schon gefunden hätten? Er glaubte es nicht wirklich, aber allein der Gedanke daran ließ ihm keine Ruhe.

Er selbst, Hanno und die meisten Schüler seiner Klasse hatten Balthasar überall gesucht. Stundenlang. Er war wie vom Erdboden verschluckt. Er war nicht auf dem Schulhof, nicht im Schulgebäude, nicht bei Löwenzahn, nicht in der Johanneskirche. Sie durchstreiften das Gelände vor dem Seglertor und spähten die Bäume hinauf, auf denen er gerne Vögel jagte. Sie suchten ihn sogar in den Mauernischen und Schießscharten der Stadtmauer. Nichts! Als es dunkel wurde, mussten sie aufgeben.

Nikolaus war danach nur kurz zu Hause. Er hatte Glück, dass nur Agnes da war. Er erzählte ihr, was er vorhatte und bat sie, seiner Mutter nichts davon zu sagen. Sie machte sich immer so große Sorgen, was alles passieren könnte. Notfalls sollte Agnes irgendeine Geschichte erfinden, die harmlos und vernünftig klang. Er wusste, auf Agnes konnte er sich verlassen. Für ihn war sie wie eine große Schwester.

Dann zog er sich die dicke Jacke über und nahm Kerzen aus dem kleinen Holzkästchen in der Küche. Agnes steckte ihm noch ein Stück Brot in seine Jackentasche, bevor er ging. Er wollte die ganze Nacht in der Schule verbringen. Vielleicht würde Balthasar dorthin zurückkehren. Dann musste er auf alle Fälle da sein und reagieren, bevor Gregor es tat.

Hanno hatte versprochen, nachzukommen und bei ihm zu bleiben. Nikolaus war sehr erleichtert darüber, dass er in dieser Nacht nicht alleine sein würde. Das machte die Sache einfacher. Natürlich wussten sie beide, dass es streng verboten war, sich nachts in der Schule aufzuhalten. Aber das war Nikolaus und seinem Freund völlig egal. Auch, dass es eine unbequeme und sehr kalte Nacht werden würde. Darüber redeten sie nicht einmal.

Nikolaus überlegte immer wieder, wo Balthasar sich versteckt haben könnte. Vielleicht war er inzwischen auf den Schulhof zurückgekommen und lief womöglich Gregor direkt in die Arme. Diese Vorstellung quälte ihn so sehr, dass er am liebsten in den Hof hinunter gegangen wäre, um nach Katzenspuren im Schnee zu suchen. Aber dies hatte in der Dunkelheit natürlich überhaupt keinen Sinn. Und das Licht seiner Kerze würde ihn sofort verraten.

»Hoffentlich kommt Hanno bald«, dachte er. »Dann könnten wir zusammen überlegen, wie es weitergehen soll. Und zu zweit haben wir vielleicht eine Chance gegen Gregor, wenn es darauf ankommt«, machte er sich Mut.

»Hoffentlich schafft er es rechtzeitig vor 8 Uhr. Danach kommt er nicht mehr in die Schule«, sagte er leise zu sich selbst.

Zwischen dem Pfarrhaus und dem Schulgebäude gab es einen kleinen Torbogen und eine Türe, die zum Schulhof führte. Diese Türe wurde jeden Abend um Punkt 8 Uhr vom Küster der Johanneskirche verschlossen.

»Schon verdammt lange her, dass die Glocke siebenmal geschlagen hat«, murmelte er vor sich hin.

Er redete mit sich selbst, um sich nicht so alleine zu fühlen. Eigentlich flüsterte er nur, denn er hatte Angst, Gregor könnte ihn hören. Wer weiß, ob er nicht gerade jetzt durch die Flure schlich auf der Suche nach Balthasar.

»Aber dann würde er sicher Licht dabei haben, und dann könnte ich ihn ja von weitem sehen«, beruhigte er sich selbst. »Noch weiß er nicht, dass ich hier bin und dass auch Hanno bald hier sein wird.«

Er überlegte eine Weile, ob er nach unten zur Türe neben dem Refektorium schleichen sollte. Diese Türe war immer offen und durch diese Türe würde Hanno kommen, wenn er rechtzeitig vor 8 Uhr am Torbogen war.

»Keine gute Idee«, flüsterte er, »damit ist nichts gewonnen. Bleib einfach hier und warte ab!«

Kurz darauf hörte er von weitem ein leises Quietschen. Nikolaus zuckte zusammen. War das Gregor oder Hanno? Er schlich zur Türe und blickte in die Finsternis. Wenn er einen schwachen Lichtschein erkennen würde, wäre das wahrscheinlich Gregor. Hanno würde seine Kerze nicht im Refektorium anzünden. Viel zu gefährlich. Wenig später hörte er, wie jemand fast völlig geräuschlos auf ihn zukam. Er konnte die Kleidung rascheln hören und Schuhe, die vorsichtig auf den Fußboden aufsetzten. Das musste Hanno sein.

»Hanno?«, flüsterte er kaum hörbar, »bist du's?«

»Ja«, hauchte Hanno.

Wenige Augenblicke später war Hanno bei ihm und klopfte Nikolaus zur Begrüßung auf die Schulter.

»Danke, dass du gekommen bist«, sagte Nikolaus.

»Hoffentlich hat Gregor die Türe nicht gehört«, sagte Hanno. »Wenn doch, dann wird er bestimmt nachschauen, was da los war.«

»Macht nichts«, antwortete Nikolaus, erleichtert, dass er nicht mehr alleine war. »Schön, dass du da bist.«

»Pssst«, flüsterte Hanno, »es geht los.«

»Ich sehe nichts«, brummte eine Männerstimme. »Die Tür ist zu.« Ein schwaches, flackerndes Licht leuchtete unten bei der Treppe.

»Ich sag' dir, da war was. Vielleicht ist das Mistvieh auf dem Schulhof und ist gegen die Tür gesprungen.« Das klang ganz wie Gregors Stimme.

»So blöd ist doch keine Katze, dass sie im Dunkeln gegen eine Türe springt. Das war bestimmt der Wind, der die Türe zugedrückt hat.«

»Quatsch!«, antwortete Gregor. »Draußen ist es windstill. Ich sag' dir, das war der schwarze Teufel. Warte, ich komme! Wir schau'n auf dem Schulhof nach.«

»Jetzt draußen in der Dunkelheit eine schwarze Katze zu suchen, das ist doch reiner Blödsinn«, brummte der Erste lustlos. »Die kann doch mit uns Verstecken spielen, wie sie will. Da haben wir nicht die geringste Chance.«

»Nun warte doch mal ab!«, sagte Gregor. Man hörte genau, dass er sich ärgerte. »Du bist bloß zu faul zu suchen. Wenn sie da draußen ist, dann kriegen wir sie auch.«

Einige Augenblicke später hörten Hanno und Nikolaus die quietschende Tür. Das schwache Licht war verschwunden.

»Komm!«, flüsterte Nikolaus.

Nikolaus und Hanno stiegen vorsichtig die Treppe hinunter. Unten blieben sie einen Moment stehen und lauschten. Gregor und sein Kumpel waren auf dem Schulhof. Die Türe war angelehnt, ein schwacher Lichtschimmer war durch den Spalt zu sehen. Nikolaus und Hanno öffneten die Türe im Zeitlupentempo und hielten die Luft an. Nichts passierte. Sie schlüpften hindurch und sahen zwei kleine Lichter, die sich langsam auf dem Schulhof hin- und herbewegten. Wie zwei Glühwürmchen. Sie schwebten schwerelos am Schuppen entlang, drehten sich mehrmals im Kreis und verschwanden immer wieder hinter den verschneiten Zweigen des Haselnussstrauches.

»Olaf, komm mal hier rüber, ich glaube, hier hat sich was bewegt«, hörten sie Gregor sagen.

»Red doch lauter, ich versteh' dich nicht! Wir spielen hier doch nicht Verstecken!«, rief der Mann, der offensichtlich Olaf hieß. Man konnte hören, dass er genervt war.

»Mann, nun reg dich doch nicht schon wieder auf! Wenn ich das Mistvieh habe, bekommst du von mir so viel Bier, wie du trinken kannst. Also streng dich gefälligst an!«

Nikolaus und Hanno nutzten die Unterhaltung und schlichen sich näher an die beiden heran. Gregor und Olaf suchten weiter, ohne etwas zu sagen. Ihre Laternen bewegten sich suchend hin und her und auf und nieder. Wo das Kerzenlicht auf einen Baumstamm oder auf Sträucher traf, warf es Schatten, die lautlose Lebewesen zu sein schienen. Sie waren wie Geister, die hin und her huschten oder über den Boden flatterten und ihre Form dauernd veränderten.

»Miez-Miez-Miez«, hörten sie Gregor mit zuckersüßer Stimme rufen. »Miez-Miez-Miez. Komm her zu mir! Komm, komm, komm!«

»Mir wird übel«, flüsterte Nikolaus. »So ein elender Dreckskerl!«

»Keine Angst«, flüsterte Hanno zurück, »so kriegt er Balthasar nie. Wenn er überhaupt hier irgendwo in der Nähe ist.«

Gregor und Olaf suchten weiter, bis sie am Zaun eines anderen Grundstücks angekommen waren. Gregor bog nach rechts ab, um dort weiter zu suchen. Olaf blieb einfach stehen.

»Ich mach' nicht mehr weiter«, sagte er, »ich geh' jetzt nach Hause. Das ist doch Kokolores*. 'Ne schwarze Katze in der stockdunklen Nacht finden zu wollen. Da kannst du auch 'nen Geist im Nebel suchen. Geht genauso gut. Ich wünsch' dir noch viel Vergnügen.«

»Nun warte doch noch einen Augenblick! Lass uns mal überlegen, wie wir das Mistvieh kriegen«, sagte Gregor, um Olaf zu beruhigen.

Die beiden hatten sich nebeneinander an den Zaun gestellt. Nikolaus und Hanno duckten sich hinter dem Schuppen.

»Ich sag' nur eins, Gregor, mit Speck fängt man Mäuse. Oder wie mein Bruder immer sagt, wer Fische fangen will, braucht Würmer.«

»Aber ich kann doch jetzt keine Mäuse fangen und sie überall in der Schule auslegen«, antwortete Gregor und tippte sich mit dem rechten Zeigefinger an die Stirn.

»Das geht auch einfacher. Ich besorge dir geräucherte Fische von meinem Bruder. Die schneidest du in Stücke. Dann knotest du sie in größeren Abständen links und rechts mit Bändchen an eine lange Leine und legst sie im Hof aus. Die Leine sieht man unterm Schnee nicht, aber die Katze riecht die Fische. Und die kommt garantiert, denn sie hat Hunger. Und wenn die Katze an einem Köder schnuppert, dann ziehst du die Leine langsam näher zu dir, bis die Katze kurz vor dir ist. Dann nimmst du den Kescher und schwupps hast du sie. Geht genauso einfach wie Fische angeln.«

»Und das funktioniert?«, fragte Gregor ungläubig.

»Klar, da kannst du drauf wetten. Auf jeden Fall besser, als nachts auf dem Schulhof stundenlang ‚Miez-Miez-Miez' zu rufen.«

Nikolaus berührte Hannos Arm und machte mit dem rechten Daumen ein Zeichen, dass sie verschwinden sollten. Vorsichtig schlichen sie zurück zur Türe neben dem Refektorium. Sie hofften, dass Gregor und sein Kumpel so mit sich und der Idee mit der Leine beschäftigt waren, dass sie sie weder sahen noch hörten.

»Wenn du meinst«, hörten sie Gregor sagen, »dann bring mir morgen zwei Fische und die Leine mit, dann probier' ich das mal aus.«

Nikolaus und Hanno waren auf der Treppe, als sie Olaf und Gregor kommen hörten.

»Verdammte Kiste, das geht hier doch nicht mit rechten Dingen zu!«, hörten sie Gregor unten. »Wir haben die Türe doch angelehnt. Wieso steht die jetzt weit offen? Dieses Mistvieh treibt sich also doch hier herum. Ich hab's gewusst! Ich hab's gewusst!«

»Ach Gregor, du siehst schon wieder Gespenster«, sagte Olaf ziemlich gelangweilt. »Was spielt das für eine Rolle, ob die Türe jetzt ein bisschen weiter offen steht als vorher? So etwas macht doch keine Katze. Die schlüpft durch jeden kleinen Türspalt. Aber bitte, du kannst dich ja die ganze Nacht auf die Lauer legen. Oder noch besser, du stellst am besten die ganze Schule auf den Kopf und gräbst den Hof um. Viel Spaß dabei. Aber erst trinken wir Bier, so wie du es versprochen hast. Sonst komme ich morgen nicht wieder.«

»Ist ja gut, ist ja gut«, knurrte Gregor, »aber ich wette, ich habe Recht. Das Mistvieh ist hier irgendwo, und ich werde es kriegen und wenn ich die ganze Nacht suchen muss.«

Dann hörten Nikolaus und Hanno, wie eine Türe quietschend zugezogen wurde und wenig später, wie eine andere mit lautem Getöse ins Schloss fiel. Dann war Ruhe.

Ein eiskalter Plan

Nikolaus und Hanno wachten auf, als die ersten Schüler in den Klassenraum kamen. Eigentlich hatten sie sich fest vorgenommen, die ganze Nacht über wach zu bleiben, um zu sehen, was Gregor vorhatte. Und um Balthasar zu helfen, wenn er kommen sollte. Aber sie hatten nichts anderes gehört als das Grölen und Poltern von Gregor und Olaf unter ihnen. Und dann waren sie wohl irgendwann auf ihren Schreibpulten eingeschlafen, mit dem Kopf auf den Armen.

Nikolaus und Hanno streckten sich und versuchten wach zu werden.

»Habt ihr Balthasar gesehen?«, fragte Nikolaus.

Alle schüttelten den Kopf.

»Nicht in der Kirche, nicht bei Löwenzahn, nicht auf dem Weg zur Schule. Woanders haben wir nicht gesucht«, sagte Simon. »Wie war's bei euch?«

Nikolaus und Hanno berichteten, was in der Nacht passiert war. Als sie von dem Plan mit der Leine und den geräucherten Fischen erzählten, wurden die anderen wütend.

»Die haben doch 'ne absolute Vollmeise! 'Ne Katze auf dem Schulhof angeln zu wollen!« Lukas wurde richtig böse. »Und das vor unseren Augen! Denen werden wir die Suppe versalzen. Aber gründlich!«

»Darauf kannst du wetten«, platzte es aus Hanno heraus.

Als sie Assisi auf dem Flur schnaufen und prusten hörten, verabredeten sie sich für die Mittagspause.

»Beim Schuppen, wie immer«, sagte Friedrich. »Und beim Essen nicht so lange rumtrödeln. Wir haben viel zu besprechen!«

Im nächsten Augenblick öffnete Bruder Franziskus die Türe und ging nach vorne zum Lehrerstuhl. Auf halbem Weg blieb er stehen und drehte sich verdutzt um. Er wunderte sich. Alle Schüler waren mucksmäuschenstill. Das passierte in seinem Unterricht äußerst selten.

»Die Schüler merken wohl allmählich, dass bei mir jetzt ein anderer Wind weht«, dachte er zufrieden und lächelte, als er ihnen einen guten Morgen wünschte.

»Wer weiß noch, welche Hausaufgabe zu heute zu erledigen war?«, fragte er sie gut gelaunt.

»Wir hatten zu heute nichts auf«, antwortete Eberhard. »Aber wir haben Ihnen doch versprochen, dass wir uns noch ein paar Gedanken über das Krippenspiel machen werden. Und ich habe 'ne echt gute Idee gehabt.«

Jetzt erinnerte sich Bruder Franziskus wieder an das Ende der vergangenen Stunde in dieser Klasse und sofort bedauerte er seine Frage. Aber es war zu spät.

»Wir können heute aber nur kurz über das Krippenspiel reden, wir wollten uns doch mit den Fledermäusen beschäftigen«, antwortete Bruder Franziskus und hoffte, damit das Schlimmste abwenden zu können.

»Keine Angst«, sagte Eberhard, »mein Vorschlag hat sogar etwas mit diesem Thema zu tun.«

»Wir müssen uns noch einmal Gedanken über die Engel machen«, fuhr er ungefragt fort. »Ich finde, die müssen fliegen oder schweben und dann bei den Hirten und den Tieren landen. Deshalb erschrecken die sich ja so gewaltig. Das tun sie aber nicht, wenn so ein Engel einfach um die Ecke biegt und dann vor ihnen steht. So wird das nichts.«

Bruder Franziskus rang nach Luft und wusste nicht, was er sagen sollte. Deshalb sprach Eberhard schnell weiter.

»Ich könnte übrigens so einen Engel gut spielen«, sagte er stolz, »ich bin erst neulich von diesem Lehrerpult aus geflogen und war 'ne ganze Weile in der Luft. Das könnte ich noch einmal machen, wenn Sie wollen. Und mit Flügeln kann ich garantiert noch viel weiter fliegen.«

»Stimmt«, sagte Mathias und grinste vergnügt, »das kann er. Wäre 'ne Superrolle für ihn. Ich bin dafür.«

»Nicht so schnell, nicht so schnell!«, schaltete sich Bruder Franziskus ein, »ich muss erst mal darüber nachdenken.«

Er holte tief Luft.

»Und dann haben wir gestern auch das Schnarchen vergessen«, sagte Lukas ohne abzuwarten, was ihr Lehrer sagen wollte.

»Wie bitte? Was?«, fragte Bruder Franziskus hektisch.

»Na ja, wenn die Engel kommen, dann ist es doch mitten in der Nacht. Da schlafen doch die Hirten. Und mit Sicherheit schnarchen die auch.«

»Aber nein, Kinder, das tun sie nicht«, antwortete Bruder Franziskus siegessicher. »Im Lukasevangelium steht, dass die Hirten bei ihren Herden wachten. ‚Wachten' steht da und nicht ‚schnarchten'.«

»Das kann schon sein«, sagte Simon, »aber irgendeinen gibt es immer, der nicht durchhält und einpennt. Aber wahrscheinlich haben sie sich sowieso abgewechselt. Es gibt ja auch gar keinen Sinn, wenn alle Hirten die ganze Nacht über wach bleiben. Die sind doch dann am nächsten Tag vollkommen hinüber. Und dann machen die Schafe, was sie wollen. Und alle Hirten pennen. Das geht nicht. Ein paar von unseren Hirten müssen also nachts auf jeden Fall schlafen und schnarchen. Das geht nicht anders.«

»Und Schnarchen ist auch kein Problem für uns«, meldete sich Lukas zu Wort, »das kriegen wir hin.« Alle anderen nickten.

»Mit dem Fliegen ist das schon etwas schwieriger«, meinte Friedrich, »das sollten wir ordentlich üben. Wenn sie wollen, könnten wir gleich...«

»Augenblick, Augenblick, Augenblick«, sagte Bruder Franziskus aufgeregt, »das geht mir alles viel zu schnell. Das will sorgfältig überlegt sein.«

Wieder machte er eine längere Pause und blickte stumm zur Zimmerdecke. Diesmal störte ihn niemand dabei.

»Ich habe übrigens selbst noch einmal über das Krippenspiel nachgedacht«, fuhr er nach einer Weile fort. »Was haltet ihr davon, wenn einer der Hirten auf einer Flöte spielt? Das machen viele Hirten. Das wäre vielleicht ganz hübsch, oder?«

»Ach nö«, sagte Bertram, »finde ich gar nicht. Dieses Piepsen stört doch die anderen Hirten beim Schlafen. Und außerdem will das Jesuskind so kurz nach der Geburt bestimmt seine Ruhe haben.«

Bruder Franziskus gab keine Antwort.

»Ich habe mir auch das mit eurer Katze noch einmal überlegt«, sagte er schließlich. »Ich habe nichts dagegen, wenn sie mit dabei ist.«

Er hatte erwartet, dass sich alle Schüler jetzt richtig freuen würden. Aber sie saßen da wie versteinert. Keiner sagte ein Wort.

»Ich habe eure Katze heute noch gar nicht gesehen. Wo ist sie?«

Niemand meldete sich.

»Balthasar ist verschwunden«, sagte Nikolaus leise und mit bebender Stimme. »Wir haben keine Ahnung, wo er ist.«

»Wann ist denn das passiert?«, wollte Bruder Franziskus wissen.

»Gestern«, sagte Hanno wütend. »Und Gregor ist schuld.«

»Das kann ich mir nicht vorstellen«, sagte Bruder Franziskus, um ihn zu beruhigen. »Gregor ist zwar manchmal etwas unfreundlich, aber...«

Hanno ließ ihn gar nicht erst ausreden. Er berichtete mit zornrotem Gesicht, was in den vergangenen Tagen passiert war. Von Gregor, der mit höhnischem Grinsen gedroht hatte, Balthasar verschwinden zu lassen, bis zur vergangenen Nacht, die Nikolaus und er in der Schule verbracht hatten. Und von Olaf und seiner Idee mit der Leine und den geräucherten Fischen.

Als Hanno fertig war, blieb Bruder Franziskus eine ganze Weile stumm. Dann begann er zögernd zu sprechen:

»Ich habe mich schon gefragt, woher Gregor diese lange Kratzspur im Gesicht hat. Jetzt ist mir alles klar«, sagte er und sank auf seinen Stuhl. »Und was wollt ihr jetzt gegen Gregor und diesen Olaf unternehmen, wenn sie die Leine auslegen?«, fragte er sie etwas hilflos.

»Das werden wir heute Mittag besprechen. Irgendetwas wird uns schon einfallen«, sagte Friedrich.

»Wir werden auf jeden Fall verhindern, dass sie Balthasar kriegen«, fügte Eberhard hinzu, »um jeden Preis.«

»Ich würde euch gerne helfen, aber ich fürchte, ich bin kein großer Held«, sagte Bruder Franziskus kleinlaut. »Gibt es trotzdem etwas, was ich tun kann?«

Seine Schüler sahen ihn dankbar an.

»Wir glauben, Herr Kordelitz könnte es mit Gregor aufnehmen, wenn er wollte. Wissen Sie, wo er ist?«, fragte Hanno.

»Das kann ich rauskriegen. Ich sage euch Bescheid. Noch heute.«

Als sie die Türe öffneten und in den Hof gingen, sahen sie, dass es schon wieder heftig schneite. Noch bevor sie am Schuppen ankamen, waren ihre Haare mit einer dünnen Schneeschicht bedeckt. Sie stellten sich in einem engen Kreis dicht aneinander, um sich ein wenig gegen das Wetter zu schützen. Sie waren vollzählig. Selbst Andreas war heute pünktlich.

»Jeder von euch weiß, was Gregor und Olaf vorhaben«, sagte Friedrich ohne Vorrede, »das müssen wir verhindern. Hat irgendeiner von euch eine Idee, wie?«

Friedrich blickte in die Runde und wischte mit seiner rechten Hand Schneeflocken aus seinem Gesicht.

»Wir wissen ja gar nicht, wann sie die Leine auslegen. Und ob das überhaupt schon heute sein wird«, sagte Johann.

»Richtig«, antwortete Hanno, »aber wir reden trotzdem von heute. Kann sein, dass wir uns morgen erneut Gedanken machen müssen.«

»Wie wär's, wenn wir die Leine einfach durchschneiden. Ein paar Mal. Ich habe ein scharfes Messer. Das müsste gehen«, schlug Martin vor.

»Fände ich nicht gut«, sagte Hanno. »Vielleicht gibt es noch andere Ideen.«

»Warum gehen wir nicht einfach zum Schulleiter und erzählen ihm alles?«, schlug Albrecht vor.

»Das geht nicht«, sagte Lukas, »Gregor kann alles abstreiten. Er kann sagen, dass alles nur ein Scherz war oder dass wir uns das alles nur ausgedacht haben. Und die Leine ist auch noch nicht auf dem Hof. Wir hätten nichts in der Hand.«

Alle waren still und dachten nach.

»Man müsste wissen, wie viel Zeit bleibt zwischen dem Auslegen der Leine und dem Zeitpunkt, wenn Gregor sie benutzen möchte«, sagte Lukas. »Und ablenken müsste man ihn in dieser Zeit natürlich auch.«

Seine Mitschüler sahen ihn fragend an.

»Was wir machen könnten, ist Folgendes«, fuhr Lukas langsam fort. »Ich denke die Leine mit den Fischen wird vielleicht 5 bis 10 Meter lang sein und direkt vor einer der Türen liegen. Wahrscheinlich ganz gerade in den Hof hinaus. Wir könnten auf beiden Seiten der Leine den Schnee etwas zur Seite schieben. Ungefähr eine Hand breit auf jeder Seite, so dass die Leine in einer flachen Rinne liegt. Dann schütten wir Wasser darauf, bis die Rinne richtig voll ist. Bei diesem Wetter sind das Seil und die Fische schon nach ein paar Minuten von einem Eispanzer eingeschlossen und am Boden und im Schnee festgefroren. Und dann schneit das Ganze auch noch zu. Oder wir schieben sicherheitshalber noch ein bisschen Schnee darüber. Das fällt ja bei diesem Wetter gar nicht auf. Dann kann Gregor bis zum Frühjahr warten, bis er seine Leine wieder benutzen kann.«

»Genial«, sagte Peter voller Anerkennung. »Ein echter Odysseus.« Die anderen Schüler grinsten.

»Abgemacht«, sagte Friedrich. »Dann müssen wir nur noch mitkriegen, wann die Leine ausgelegt wird. So lange müssen wir in der Schule bleiben und uns versteckt halten. Hoffentlich bleibt Herr Kordelitz bei uns.«

»Ich finde, wir müssen Gregor noch viel stärker als bisher auf die Pelle rücken«, sagte Hermann. »Wir müssen ihm so richtig auf die Nerven gehen. Vor dem Unterricht, nach dem Unterricht, in den Pausen. Drei bis vier von uns müssen einfach da sein, wo er ist. Dort hingehen, wo er hingeht. Er muss sich ständig beobachtet und bedrängt fühlen. Wir müssen so dicht an ihm dran sein wie die Kletten. Der muss das Gefühl haben, wir kriegen alles mit, was er macht.«

»So machen wir das, Hermann«, sagte Hanno, »gute Idee!«

Auch alle anderen nickten. Eberhard klapperte mit den Zähnen. Die meisten Gesichter sahen etwas bläulich aus.

»Wer sich wann um Gregor kümmert, das besprechen wir am besten drinnen. Das wird hier zu ungemütlich«, sagte Friedrich. »Noch Fragen?«

Alle schüttelten den Kopf.

»Also, jetzt gilt's«, sagte Friedrich energisch, »jetzt wollen wir den Gregor das Fürchten lehren. Aber so richtig. Los geht's!«

»Der Gregor kann sich warm anziehen«, sagte Eberhard mit klappernden Zähnen.

»Genau«, sagte Mathias neben ihm, »der wird sich noch wundern.«

14 Schüler rutschten und schlitterten frierend durch den Schnee zurück zum Schulgebäude. Sie waren zu allem entschlossen.

Flugversuche

»Macht, dass ihr in eure Klasse kommt! Verschwindet endlich!«

Nikolaus, Hanno und die meisten anderen Schüler ihrer Klasse standen auf dem Flur im ersten Stock, lehnten sich über das Geländer und grinsten. Unter ihnen tobte Gregor im Erdgeschoss. Er war stinksauer.

»Zum letzten Mal: Haut ab! Sonst gibt es Prügel!«, schrie er Johann, Andreas und Martin an, deren Aufgabe es war, ihn in dieser Pause nicht aus den Augen zu lassen. Sein Gebrüll führte jedoch dazu, dass auch Schüler anderer Klassen neugierig wurden. Sie blieben stehen, um zu sehen, was da los war.

Der eigentliche Grund für Gregors miserable Laune waren jedoch nicht diese drei Schüler, sondern der gestrige Abend.

»Hat sauber hingehauen, dein Plan«, sagte Mathias grinsend und klopfte Lukas ausgiebig auf die Schulter. »Solche Ideen möchte ich auch mal haben.«

»Das war stark, wie die beiden am Anfang über den Hof stolperten und ihre Leine suchten und nicht mehr fanden«, freute sich Simon und rieb sich die Hände. »Die dachten doch bestimmt, sie werden langsam bekloppt. Echt stark!«

»Und die Krönung war, dass Gregor dann voll auf die Fresse knallte, als er auf dem Eis ausrutschte«, sagte Friedrich, der sonst nie solche schlimmen Wörter gebrauchte. Er wurde sogar ein bisschen rot dabei.

»Schön war auch, dass Gregor dann ernsthaft versuchte, das Eis mit seiner Kerze aufzutauen«, erinnerte sich Bertram. »Der hat doch echt ’nen Schaden.«

»Wenn du die Leine auch nur ein ganz klein wenig ankokelst, dann bezahlst du sie. Ist klar, oder?«, hatte Olaf ihn angebrüllt. Damit war das Thema erledigt.

»Ich habe noch nie jemanden gesehen, der dann so durchgedreht ist wie Gregor«, sagte Hanno. »Der hopste und hampelte vor Wut über den Schulhof wie Rumpelstilzchen. Gut, dass wir Herrn Kordelitz dabei hatten und dann gegangen sind. Wer weiß, was passiert wäre, wenn Gregor uns gesehen hätte.«

Die anderen nickten.

»Ob Gregor ahnt, wer die Leine und die Fische tiefgefroren hat?« Friedrich blickte die anderen fragend an.

»Kann ich mir nicht vorstellen«, antwortete Nikolaus. »Niemand außer Gregor und Olaf konnte etwas von der Leine mit den geräucherten Fischen wissen. Und niemand hat mitbekommen, wie wir die Leine vereist haben. Das muss für ihn ein Rätsel sein.«

»Eines von der unlösbaren Sorte«, stellte Hanno zufrieden fest.

»Hat irgendjemand auf dem Weg zur Schule etwas von Balthasar gehört oder ihn sogar gesehen?«, fragte Nikolaus seine Mitschüler, als sie gemeinsam in ihren Klassenraum gingen.

Alle schüttelten stumm den Kopf.

»Aber weißt du, Gregor und Olaf haben ja auch keine Ahnung, wo er sich befindet. Das ist doch schon mal gut, oder?«, versuchte Mathias ihn zu trösten.

»Balthasar hat sich bestimmt irgendwo versteckt und wartet, bis die Luft wieder rein ist. Glaub mir, Nikolaus, der kommt wieder«, versuchte auch Friedrich, ihm Mut zu machen.

Nikolaus fühlte sich elend. Noch immer gab es kein Lebenszeichen von Balthasar. Aber die Hilfe seiner Freunde tat ihm wirklich gut. Er hoffte, dass Friedrich Recht behalten würde.

»Er kommt«, rief Mathias.

Dem Klang seiner Stimme nach konnte es nur Bruder Fredericus sein, der gleich die Türe öffnen würde.

»Was ist denn mit dem Gregor los? Der ist ja völlig aus dem Häuschen. Habt ihr eine Ahnung?«, fragte er seine Schüler, noch bevor er sie begrüßte.

Alle Schüler blickten ihn an, als könnten sie nicht bis drei zählen.

»Vielleicht sucht er was und kann es nicht finden«, sagte Lukas nach einer Weile, ohne mit der Wimper zu zucken.

»Oder er hat etwas verlegt und weiß nicht mehr, wo er überhaupt suchen soll«, meinte Friedrich mit unschuldigem Gesicht.

»Na ja«, sagte Bruder Fredericus schließlich, »der wird sich schon wieder beruhigen.«

»Da haben wir leider keine großen Hoffnungen«, stellte Hanno trocken fest und schüttelte seinen Kopf.

Bruder Fredericus stutzte und sah seine Schüler, einen nach dem anderen, in aller Ruhe an. »Oh, ihr Halunken«, dachte er, »ihr wisst doch viel mehr, als ihr sagt.«

»Na, dann wollen wir mal sehen, ob ihr auf anderen Gebieten mehr Ahnung habt«, sagte er schließlich und begann mit seinem Unterricht.

»Ihr habt vor kurzem von einer Kraft gehört, die wir Schwerkraft nennen. Bruder Lambertus hat euch diese Kraft vor wenigen Tagen demonstriert.«

»Hat Bruder Lambertus etwa gepetzt?«, fragte Mathias entrüstet.

»So würde ich das nicht nennen, Mathias, aber er hat mir erzählt, dass du und andere nicht überzeugt waren von dem, was er euch zu dem Thema ‚Schwerkraft' gesagt hat. Stimmt's?«

»Stimmt!«, antwortete die Klasse im Chor und sah Bruder Fredericus gespannt an.

»Deshalb behandeln wir das Thema heute noch einmal«, sagte Bruder Fredericus gut gelaunt.

Mathias kramte in seiner Jackentasche und meldete sich.

»Ja, Mathias?«

»Gott sei Dank habe ich meine Murmeln heute wieder dabei. Die brauchen Sie doch sicher, um uns diese Schwerkraft zu zeigen. Ich leih' sie Ihnen gerne aus.«

Bruder Fredericus winkte ab: »Nein, die brauchen wir heute nicht. Und Eberhard muss auch nicht fragen, ob er wieder vom Pult springen soll und einen Hahn spielen kann.«

»Schaaaade«, schmollte Eberhard. »Heute hätte ich bestimmt drei Runden um das Pult geschafft.«

»Nicht jammern, Eberhard, abwarten. Wir machen gleich verschiedene Flugversuche. Aber nicht hier drinnen, sondern draußen.«

Die Schüler blickten sich voller Freude an. Einige von ihnen dachten an die Stunde mit Assisi und formten bereits unsichtbare Schneebälle mit ihren Händen. Vorsichtig zwar, aber trotzdem unübersehbar für Bruder Fredericus.

»Und wenn ihr denkt, ihr könnt gleich auf dem Schulhof Schneebälle machen, dann habt ihr sogar vollkommen Recht.«

Die Schüler blickten ihren Lehrer nun völlig verdutzt an. Es konnte doch nicht sein, dass Bruder Fredericus im Unterricht eine Schneeballschlacht mit ihnen machen würde.

»Das Thema dieser Stunde ist also die Schwerkraft«, sagte Bruder Fredericus. »Wir wollen die Schwerkraft sichtbar machen. Und dann versuchen wir noch die Frage zu beantworten, ob der Mond eines Tages auf die Erde stürzen könnte.«

»Und Sie glauben, dass uns die Schneebälle dabei helfen?«, fragte Eberhard und grinste ihn freundlich an. »Da bin ich aber sehr gespannt.«

»Na, dann kommt mal mit. Wir gehen raus. Und niemand macht einen Schneeball ohne meine Erlaubnis, verstanden?«

»Verstanden«, gab es die Antwort im Chor. Und anders als bei Bruder Franziskus war sie auch genau so gemeint.

Eine Viertelstunde später hatten die Schüler den ersten Teil ihrer Aufgabe erledigt. Mehr als einhundert Schneebälle lagen sauber aufgereiht nebeneinander an einer in den Schnee gezogenen Linie. Darunter waren auch drei dicke Kugeln, wie man sie braucht, um einen großen Schneemann zu bauen. Das Wetter war herrlich: frostklare Luft, blauer Himmel. Die 14 Schüler standen mit roten Händen erwartungsvoll vor ihren Schneekugeln. Noch war keine andere Klasse in Sicht, gegen die man sie hätte sinnvoll einsetzen können.

»Hanno«, sagte Bruder Fredericus, »nimm dir einen Schneeball und wirf ihn senkrecht in die Luft. So hoch wie du kannst.«

Hanno wusste aus Erfahrung, dass das schwierig war, aber der Wurf gelang ihm ausgezeichnet. Auch wenn die Flugbahn des Schneeballs nicht völlig kerzengerade war.

»Gut gemacht, Hanno«, sagte Bruder Fredericus anerkennend. »Ihr anderen, was habt ihr gesehen?«

»Ein Schneeball flog hoch und kam wieder runter«, sagte Eberhard etwas gelangweilt. »Gott sei Dank hat Hanno ihn nicht ganz senkrecht hingekriegt, sonst hätte er uns beim Runterfallen getroffen.«

»Noch eine einfache Frage: Warum ist der Schneeball hoch geflogen und dann wieder runter gekommen?«

Von allen Seiten kamen Vorschläge, aber mit keinem war Bruder Fredericus so richtig zufrieden.

»Der Schneeball flog nach oben, weil Hanno ihn nach oben geworfen hat, mit aller Kraft. Doch dann kam der Schneeball wieder runter, weil er von der Schwerkraft angezogen wurde. Da kann Hannos Arm nichts dagegen machen. Die Schwerkraft ist stärker. Die Schwerkraft hat auch schon gewirkt, als er den Schneeball hoch geworfen hat, aber da sah man das noch nicht wirklich«, sagte Nikolaus wie selbstverständlich.

»Nikolaus, du bist ein Genie«, sagte Bruder Fredericus voller Bewunderung. »Besser hätte ich das auch nicht sagen können. Mathias, wiederhole noch einmal!«

»Nikolaus, du bist ein Genie. Besser hätte ich das auch nicht sagen können.«

Alle Schüler brüllten vor Lachen. Eberhard wälzte sich vor lauter Begeisterung im Schnee.

»Komm her, Mathias«, sagte Bruder Fredericus schmunzelnd, »du bist der Nächste. Wirf einen Schneeball in Richtung Kirchturmspitze, so hoch du kannst.«

»Aber die Johanneskirche ist doch viel zu weit weg und der Kirchturm viel zu hoch, das schaff' ich nie!«, sagte Mathias entrüstet.

»Weiß ich«, antwortete Bruder Fredericus freundlich, »versuch's aber trotzdem.«

Mathias nahm sich einen Schneeball und warf ihn so hoch und so weit, wie er konnte.

»Gut gemacht«, sagte Bruder Fredericus und wandte sich zur Klasse. »Und jetzt seid ihr dran! Sieben von euch werfen so, wie Mathias es euch vorgemacht hat. Die anderen stellen sich dort beim Schuppen auf und schauen sich die Flugkurven an. Wenn jeder dreimal geworfen hat, wechselt ihr. Mal schauen, wer von euch bis drei zählen kann. Danach erzählt ihr mir, was ihr gesehen habt. Los geht's!«

Jeder, der einen Schneeball warf, war voller Ehrgeiz. Jeder wollte höher und weiter werfen als alle anderen. Die Beobachter beklatschten die besten Würfe. So machte Unterricht wirklich Spaß!

Hinterher beschrieben sie die Flugkurven mit vielen Worten, malten sie mit Fingern in die blaue Luft und in den weißen Schnee.

»Und was heißt das nun, wenn ihr einen Satz mit dem kurzen Wort ‚Kraft' formulieren sollt?«, wollte Bruder Fredericus schließlich wissen.

»Es ist so, wie Nikolaus das schon gesagt hat«, antwortete Friedrich. »Erst sieht man die Kraft des Werfers, sozusagen gegen die Schwerkraft, und je nachdem, wie groß die Muskeln des Werfers sind, kommt der Schneeball früher oder später wieder nach unten. Das liegt an der Schwerkraft.«

Bruder Fredericus nickte. »Und jetzt wird es schwierig«, sagte er und forderte sie auf, Schneebälle waagerecht gegen eine Wand des Schulgebäudes zu werfen. Er strich mit seinem rechten Schuh eine Linie in den Schnee.

»Hier steht der Erste und wirft. Der Zweite geht dann einen großen Schritt zurück und wirft. Und immer so weiter. Und daran denken, nicht hoch werfen, sondern waagerecht. So waagerecht wie eine Leine, die in der Luft schwebt.«

Die Schüler grinsten und sahen sich viel sagend an. Sie alle kannten eine Leine, der dies auf gar keinen Fall gelingen würde. Dann warfen sie die Schneebälle so, wie ihr Lehrer es von ihnen wollte. Sie pfefferten sie regelrecht gegen die Wand, so, als ob sie sie zum Einsturz bringen wollten. Friedrich war der Erste, dessen Schneeball die Hauswand nicht mehr erreichte. Nach ihm schaffte es nur noch einer.

Am Schluss warfen sie noch die drei dicken Schneekugeln. Alle plumpsten auf den Boden und fielen auseinander, bevor sie die Wand überhaupt erreicht hatten. Was für eine unglaubliche Verschwendung!

Noch bevor Bruder Fredericus sie fragte, wussten sie, welche Frage er stellen würde und welche Antwort die richtige war.

»Zum Schluss habe ich noch etwas Besonderes. Bleibt alle genau hier stehen und schaut mir zu«, sagte Bruder Fredericus.

Er ging zum Schuppen und schloss die Türe mit einem langen Schlüssel auf. Es dauerte nur wenige Augenblicke, dann war er wieder draußen. Er zog eine etwa 5 Meter lange Leine hinter sich her, an deren Ende eine große

Holzkugel befestigt war, und stellte sich in einiger Entfernung zu seinen Schülern auf.

Bruder Fredericus steckte eine Hand durch die Schlaufe am losen Ende der Leine und begann die Leine so zu schwingen, dass sie einen Kreis um ihn drehte. Zuerst pflügte die Holzkugel durch den Schnee, aber dann hob sie vom Boden ab und sauste in immer schneller werdenden Umdrehungen durch die Luft. Jedes Mal, wenn die schwere Holzkugel an ihnen vorbeirauschte, hörten sie dieses »Wwuuuschschsch«, das sie von der Steinschleuder kannten. Nur dieses »Wwuuuschschsch« klang sehr viel tiefer. Je größer die Geschwindigkeit war, in der Bruder Fredericus die Leine drehte, umso waagerechter und ruhiger lag die Holzkugel in der Luft. Drehte er langsamer, sank die Kugel, bis sie fast den Boden berührte. Drehte er schneller, wurde der Kreis, den die Kugel in der Luft formte, wieder so waagerecht wie eine runde Tischplatte. Seine Schüler sahen ihm fasziniert zu. So ein Spielzeug hätten sie auch gerne.

Nach einigen Minuten kam Bruder Fredericus wieder zu seinen Schülern. Er war noch ganz außer Atem.

»So«, sagte er schließlich, »wir sind fertig hier draußen. Ihr könnt wieder reingehen, ich komme gleich nach. Ihr habt Schneebälle geworfen und sie fliegen sehen. Und diese Holzkugel auch. Eure Aufgabe ist es jetzt, die Frage zu beantworten, warum der Mond nicht auf die Erde knallt. Denkt mal drüber nach. Ich wette, ihr findet die Antwort selbst.«

Bruder Fredericus brachte die Leine mit der Kugel wieder zum Schuppen zurück. Seine Schüler bewegten sich langsam in die andere Richtung und blickten sich sorgfältig nach allen Seiten um. Gregor war nicht zu sehen. Dann nahmen sie Anlauf, glitschten über die Leine und die geräucherten Fische hinweg und verschwanden – Eberhard hielt ihnen die Türe auf – einer nach dem anderen mit einem fröhlichen »Ju-huuu« im Schulgebäude.

»Ich versteh das nicht!«, sagte Johann mit einem tiefen Seufzer und schüttelte seinen Kopf. Er war nicht der Einzige.

»Ich kapier' das auch nicht«, sagte Mathias. »Schade um die vielen schönen Schneebälle! Das hätte so 'ne tolle Schneeballschlacht geben können! Und was machen wir? Wir verpulvern die Schneebälle einfach in die Luft oder an die Wand!«

»Von wegen, die Schneebälle erklären uns das Problem. Das war wohl nichts!«, ärgerte sich Eberhard.

Die Schüler waren in der Pause nach der Stunde im Klassenraum geblieben. Sie hatten genug von der frischen Luft, und ihre Hände genug von eiskalten Schneebällen.

»Ich kann mir das nicht vorstellen«, fing Johann noch einmal an. »Da ist die Erde mit der Schwerkraft. Also fällt alles auf die Erde runter. Einfach alles, auch unsere Schneebälle. Soweit ist alles klar. Und dann gibt es da den Mond, der vielleicht auch von der Erde angezogen wird, sagt Bruder Fredericus. Vielleicht, sagt er, er weiß es nicht wirklich genau. Aber weil sich der Mond so schnell bewegt wie diese Holzkugel an der Leine, sagt Bruder Fredericus, oder noch viel, viel schneller, fliegt er immer auf einer Bahn um die Erde herum und knallt nicht auf sie drauf, obwohl er vielleicht von der Schwerkraft angezogen wird. Aber jeder sieht doch, dass der Mond wie 'ne Schnecke über den Himmel kriecht. Das passt doch nicht zusammen!«

»Genau«, sagte Mathias. Er war beeindruckt, weil Johann so schön formulieren konnte, womit er selbst auch Probleme hatte.

»Das sieht nur so aus«, sagte Nikolaus, »weil der Mond so weit von der Erde entfernt ist. In Wirklichkeit fliegt der Mond sehr schnell. So wie Bruder Fredericus es gesagt hat.«

»Glaubst du das etwa?«, fragte ihn Andreas.

»Das ist wirklich so«, antwortete Nikolaus. »Wenn du an der Ostsee bist und aufs Meer hinausschaust und ein Schiff siehst, das weit weg ist, dann ist das ganz genauso. Erst glaubst du, es bewegt sich gar nicht. Dann merkst du, dass es sich ganz langsam über den Horizont schiebt. Das dauert Stunden, manchmal einen ganzen Tag, bis das Schiff wieder verschwindet. In Wirklichkeit segelt es aber viel schneller, als du glaubst. Das liegt nur an der Entfernung!«

»Mag sein«, antwortete Andreas. Er wusste, dass Nikolaus Recht hatte, denn er war auch schon einmal an der Ostsee gewesen. Er wollte aber nicht so schnell aufgeben.

»Und wer garantiert mir«, fuhr er fort, »dass der Mond nicht eines Tages langsamer fliegt, so wie die Holzkugel, die wir gesehen haben oder wie ein Schneeball? Dann ist nämlich Schluss mit lustig, dann knallt's!«

»Was viele Tausende von Jahren geklappt hat, das wird schon noch 'ne Weile so weitergehen«, sagte Nikolaus und überlegte. »Ich hab' inzwischen eigentlich ein ganz anderes Problem«, fuhr er fort. »Ich möchte gerne wissen, ob es auf der Sonne oder auf dem Mond auch eine Schwerkraft gibt.«

Alle Schüler starrten ihn entgeistert an. Sie wussten nicht, was sie sagen sollten. Erst wollte Nikolaus wissen, ob der Mond vielleicht von der Schwerkraft der Erde angezogen würde und im schlimmsten Fall mit ihr zusammenstoßen könnte. Und jetzt reichte ihm die Antwort von Bruder Fredericus auch schon wieder nicht mehr. Jetzt ging die Fragerei schon wieder weiter. Sie wussten, dass das kein Ende nehmen würde. So war er eben, der Nikolaus. Armer Lukullus!

»Ich werd' mal drüber nachdenken«, murmelte Nikolaus vor sich hin, als die Glocke des Refektoriums den Beginn der letzten Stunde vor dem Mittagessen ankündigte.

Von Piffilien und anderen Problemen

Nikolaus und Hanno öffneten die Türe, die vom Refektorium auf den Schulhof hinausführte, und blickten erstaunt nach oben. Die Sonne war verschwunden. Eine schwarze Wolkendecke hing tief über der Stadt. Es sah so aus, als ob jeden Augenblick ein heftiges Schneegestöber losgehen würde. Trotzdem begannen die beiden ihre Runde über den Schulhof, wie in jeder Mittagspause.

»Meinst du, er lebt noch?«

»Bestimmt! Gregor und Olaf haben ihn sicher nicht erwischt. So mürrisch, wie Gregor dreinschaut, kann das gar nicht anders sein.«

»Aber ich versteh' nicht, warum er nicht wieder auftaucht. Ich darf gar nicht daran denken, was alles passiert sein könnte!«

Sie stapften schweigend durch den Schnee. Mit gesenkten Köpfen suchten sie nach Katzenpfotenspuren. Sie gingen zuerst zum Haselnussstrauch neben dem Schuppen. Dort gab es Spuren von vielen Vögeln. Mehr nicht. Dann gingen sie weiter zu dem Platz, auf dem sie am Vormittag die Schneebälle geworfen hatten.

»Ich gehe noch eben zu dem Zaun da drüben, da waren wir noch nicht.«

Hanno folgte ihm. In dieser abgelegenen Ecke des Schulhofes war der Schnee völlig unberührt.

Nikolaus blickte zum Nachbargrundstück hinüber.

»Glaubst du, das da könnte eine Katze gewesen sein?«

Nikolaus zeigte mit seiner linken Hand auf eine verwischte Spur, die zum Zaun führte und dort endete. Abdrücke von Pfoten waren nicht zu sehen, dafür war das Tier auf dem Weg zum Bretterzaun zu tief in den Schnee eingesunken.

»Und hier, sieh mal, auf diesen drei Bretterspitzen liegt viel weniger Schnee als auf allen anderen. Meinst du, eine Katze könnte hier hochgesprungen sein?«

Nikolaus wurde richtig aufgeregt.

»Aber sie ist nicht rüber gesprungen. Auf dieser Seite des Zauns gibt es keine Abdrücke. Das sieht so aus, als ob eine Katze hier war, um zu beobachten, was auf dem Schulhof los war. Was meinst du?«

»Könnte sein«, sagte Hanno nachdenklich. »Ein Hund war das sicher nicht. Aber es gibt Tiere, die ähnliche Spuren hinterlassen. Ein Marder, zum Beispiel.«

Hanno überlegte noch eine Weile. »Aber du hast Recht, es könnte auch eine Katze gewesen sein«, sagte er schließlich.

»Ich wette, das war Balthasar«, sagte Nikolaus voller Freude. Er war sich jetzt ganz sicher. »Er kam hierher und wollte sehen, was los war. Und dann ist er wieder zu seinem Versteck zurückgelaufen. Hundertprozentig. Weißt du, wem das Grundstück gehört?«

Hanno schüttelte den Kopf.

»Wir werden es herauskriegen.«

»Weißt du noch, was Alliteration ist?«, fragte Andreas, als er mit Eberhard in die Klasse kam.

»Wir haben doch jetzt den Ostwind«, antwortete Eberhard, »das will der doch gar nicht wissen. Wahrscheinlich kennt er so was überhaupt nicht. Was is'n das eigentlich, diese Atilleration?«

»Das heißt Alliteration. Würde ich mir an deiner Stelle

merken, Eberhard, sonst macht Albertus dich zur Schnecke. A-l-l-i-t-e-r-a-t-i-o-n!«

»Gleich nach dem Ostwind haben wir doch noch Rhetorik* bei Albertus. Schon vergessen?«, fragte Mathias. Er stand wie immer an der Türe. »Und Alliteration war zu heute auf. Ich hab' sie übrigens voll drauf. Mein Spitzenbeispiel ist – aufgepasst: Maulender Maulwurf.«

»Ach so«, sagte Eberhard fast beleidigt, »das ist das mit den gleichen Buchstaben vorne dran. Kenn' ich. Dein Maulwurf kann sich warm anziehen, wenn ich meine Frösche auspacke. Alle mal herhören: Falscher Frosch, fauler Frosch, fetter Frosch, flacher Frosch, flotter Frosch, fliegender Frosch. Und noch einen Frosch als Zugabe – frisch frisierter Frosch.«

Dabei riss er die beiden Arme in Siegerpose nach oben und drehte sich wie eine Ballerina um sich selbst und winkte in Richtung Mathias.

Bruder Severus betrat die Klasse – mit einem Schmunzeln im Gesicht! – und zog die Türe hinter sich zu. Als er seine Schüler begrüßte, war das Schmunzeln noch immer da. Ob es ihnen galt oder ob er sich über etwas anderes freute, wussten sie nicht. Egal, der Ostwind schmunzelte. Ein Wunder!

»Ich sehe, auch Andreas ist heute rechtzeitig erschienen. Wie ungewöhnlich! Dann können wir ja sofort loslegen.«

Alle Schüler staunten schon wieder. Diesen Ostwind hatten sie noch nie erlebt.

»Dann fangen wir doch gleich mit den alten Griechen an. Letzte Stunde habt ihr von Odysseus' Rückkehr erfahren. Wer von euch kann mir sagen, warum es zehn Jahre dauerte, bis Odysseus von Troja nach Hause kam?«

Wieder waren alle Schüler baff. Bruder Severus hatte die ganze Klasse gefragt. Er hatte sich nicht einen Schüler herausgepickt, um ihn »auszuquetschen«, wie sie das nannten.

»Nun also«, begann Bruder Severus noch einmal, »irgendetwas werdet ihr doch sicher behalten haben.«

Andreas meldete sich. Zum ersten Mal bei Bruder Severus überhaupt. Bruder Severus nickte ihm zu.

»Odysseus hatte Pech mit dem Wetter. Es gab viele Stürme oder Gegenwind, deshalb kamen die Schiffe oft vom Kurs ab. Und dann wusste er nicht mehr, wo er war und wohin er segeln musste.«

»Ja, das mit den Stürmen stimmt sicher auch«, sagte Bruder Severus nicht unfreundlich, »aber das alleine ist nicht die Antwort auf die Frage. Peter, hilf uns weiter.«

Peter hatte eigentlich gar nicht vor, zu helfen. Aber nun hatte er keine Wahl mehr.

»Odysseus war ein großer Held. Und immer, wenn er und seine Männer an Land gingen, wollte er sich mit anderen Kriegern hauen. Kämpfen, wollte ich sagen, um nicht aus der Übung zu kommen. Er wollte wohl auch wissen, ob er noch immer der Stärkste war. Das dauerte so seine Zeit, denn Griechenland war ein großes Land.«

»So wie du das beschreibst, ist das nicht richtig. Es stimmt, dass er und seine Männer oft kämpfen mussten. Sie waren nicht überall willkommen, wenn sie unterwegs Nahrung brauchten«, erwiderte Bruder Severus. Das Schmunzeln war aus seinem Gesicht verschwunden.

»Ja, Mathias?«

»Vielleicht hatte sich Odysseus einfach nur verklönt. Mal hier, mal dort. Da kann ganz schön was zusammenkommen. Meinem Opa passiert das auch immer, wenn Oma ihn zum Markt schickt. Und dann ist meine Oma, sonst eine ganz Liebe, immer total sauer, wenn er nicht rechtzeitig wieder zurück ist. ‚Die Rüben völlig vermatscht und kein Fisch in Sicht', brüllt sie dann durch's ganze Haus.«

Bruder Severus stand bewegungslos am Pult und starrte Mathias mit aufgerissenen Augen an. Nach einiger Zeit nickte er Eberhard zu, der sich schon die ganze Zeit gemeldet hatte.

»Dann war er ja auch noch bei diesem Piffilien.«

»Wer soll das sein?«, fragte Bruder Severus mit einer gefährlich ruhigen Stimme.

»Na dieser schreckliche Riese Piffilien.«

Es wurde mucksmäuschenstill im Klassenzimmer.

Bruder Severus rang nach Luft und hielt sich mit seiner linken Hand am Pult fest.

»Seine Freunde nannten ihn bestimmt ‚Piffi'.«

»Was ist das für ein grandioser Blödsinn!«, brüllte ihn Bruder Severus ohne Vorwarnung und mit dunkelrotem Gesicht an. »Dieser Riese heißt ‚P o l y p h e m'. Mit ‚y'. Merke er sich das!«

Eberhard brauchte einen Augenblick, bis er den Mut fand, weiterzumachen.

»Dann werden ihn seine Riesen-Freunde wohl ‚Polly' genannt haben«, fuhr Eberhard fort. »Dieser Name klingt aber genauso schlimm, finde ich. Jedenfalls war Odysseus mit einigen Männern bei diesem Riesen. Und dieser …« – Eberhard blickte sich Hilfe suchend um und formulierte das folgende Wort ganz, ganz vorsichtig – »Pollyfehn oder auch Pollyfien war richtig sauer, dass sie so mir nichts dir nichts auf seine Insel gekommen sind und fraß sie deswegen teilweise auf.«

»Aufhören, sofort aufhören!«

Bruder Severus war außer sich. »Er erzählt diese Geschichte ja so, als ob er eine Fischsuppe kocht«, schrie er Eberhard an. »Da kann er von mir aus alles in einen Topf werfen, was ihm in die Finger kommt. Vielleicht noch einen Heringskopf dazu, oder auch zwei. Warum nicht auch noch einen Schwanz vom Dorsch? Und dieses Stück vom Aal, rein damit! Es kommt ja sowieso nicht so genau darauf an. Und dann noch kräftig umgerührt, fertig. Das geht bei einer Fischsuppe. Aber doch nicht bei der Odyssee! Da sind die Zutaten festgelegt! Da muss es genau sein! Merke er sich das!«

Bruder Severus benötigte einige Zeit, um sich wieder zu beruhigen.

»Friedrich, erzähle er die Geschichte von dem P-o-l-y-p-h-e-m. Und zwar so, dass mir davon nicht schlecht wird.«

Friedrich berichtete vom einäugigen Riesen, der in einer Höhle mit seinen Schafen und Widdern hauste und dort Odysseus und seine Männer gefangen hielt. Von der List des Odysseus, der einen großen Pfahl schnitzte, mit dem sie dem schlafenden Riesen das Auge ausstießen.

»Richtig«, sagte Bruder Severus. »Lukas, fahre er fort.«

»Dann setzte sich der Polyphem, der fuchsteufelswild war und natürlich vor Schmerzen schrie, an den Eingang der Höhle und tastete alle Tiere ab, die nach draußen liefen. Das hatte der listige Odysseus vorausgesehen und deshalb die Widder zusammengebunden, immer drei nebeneinander. Unter den mittleren legte sich einer seiner Gefährten, hielt sich im Fell fest und wurde dann unbemerkt nach draußen transportiert. Da Polyphem den Tieren mit seiner Hand nur über den Rücken strich, entkamen nacheinander alle Gefangenen.«

»Richtig«, sagte Bruder Severus erneut und schien halbwegs zufrieden zu sein.

»Das muss ich mir merken«, sagte Mathias. Das war ihm nur so rausgerutscht, aber der Ostwind hatte es gehört.

»Was will er sich merken?«, fragte Bruder Severus nach.

»Wenn ich einmal heimlich verschwinden muss, ich meine, aus dieser Stadt«, sagte Mathias eifrig, »dann mache ich das genauso wie Odysseus. Dann könnte ich mir zum Beispiel schnell ein kleines Floß bauen, mich von unten dran festhalten und dann ganz unsichtbar in der Weichsel in Richtung Danzig verschwinden. Superplan!«

Bruder Severus schüttelte seinen Kopf und sagte böse: »Er ist und bleibt ein Trottel.«

Aber die Schüler freuten sich. »Ein echter Mathias«, dachten fast alle. Einige wagten es sogar, hinter vorgehaltener Hand zu grinsen.

»Und nun weiter«, forderte Bruder Severus seine Schüler auf, »Odysseus ist noch nicht zu Hause. Auf dem Weg in seine Heimat kommt er auch bei den Sirenen vorbei. Erzähl er mir diese Geschichte, Nikolaus.«

»Sofort«, sagte Nikolaus, »ich wollte erst noch sagen, dass es mich gar nicht wundert, dass Odysseus und seine Freunde zehn Jahre für die Rückreise brauchten. Mich wundert eher, dass sie es überhaupt geschafft haben. Ich glaube nicht, dass es damals, vor über 2000 Jahren, eine Karte von Griechenland gab. Ob die Griechen die Sterne kannten, zum Beispiel den Nordstern, weiß ich auch nicht. Und bei schlechtem Wetter sind sie gar nicht zu sehen, auch nicht die Sonne. Wie soll man da wissen, wohin man segeln soll?«

»Die Sirenen, Nikolaus!«, unterbrach ihn Bruder Severus kühl.

»Odysseus und seine Freunde mussten wahrscheinlich immer wieder an Land gehen und Leute fragen, in welche Richtung sie weitersegeln sollten. Bei den Sirenen durften sie aber nicht anhalten, das wussten sie. Sonst wären sie verloren gewesen. Die Sirenen sangen wunderschön, aber sie töteten alle Seefahrer, die sie mit ihrem Gesang auf ihre Insel gelockt hatten.« Und dann berichtete Nikolaus ganz genau, wie Odysseus es geschafft hatte, seine Gefährten und sein Schiff sicher an der Insel der Sirenen vorbeizubringen.

»Aber ich frage mich immer noch«, sagte er am Schluss, »wie Odysseus seine Schiffe nach Hause bringen konnte ohne die Hilfe von Sonne, Mond und Sternen.«

Er sah Bruder Severus gespannt an. Alle anderen Schüler ebenfalls.

Bruder Severus sagte erst einmal nichts. Das war ungewöhnlich.

»Die Geschichte mit den Sirenen hat er ordentlich erzählt«, sagte er schließlich. »Seine Frage, ob Odysseus mit Hilfe von Sternen den Weg nach Hause finden konnte, hat mit meinem Unterricht nichts zu tun. Ich kenne keine Seeleute. Wenn er darauf eine Antwort haben will, muss er sie fragen.« Damit war für ihn der Fall erledigt.

Für Nikolaus jedoch nicht. Die Frage interessierte ihn. Er würde Bruder Fredericus oder Onkel Lucas danach fragen. Vielleicht konnten sie ihm helfen.

»Und nun noch den letzten Teil«, fuhr Bruder Severus fort, »wer berichtet uns, was bei Odysseus' Heimkehr geschah? Ich denke, Lukas wird uns das erzählen.«

Nikolaus hörte kein einziges Wort von dem, was Lukas sagte. Ihm schwirrte das Wort »Heimkehr« durch den Kopf und wischte alles andere weg. Zuerst sah er Odysseus, wie er nachts in den Sternenhimmel blickte und den Weg nach Hause suchte.

Und dann dachte er an Balthasar. Vielleicht war er jetzt, in diesem Augenblick schon zu Hause. Vielleicht wartete er darauf, dass er, Nikolaus, endlich von der Schule heimkam. Er dachte daran, dass Balthasar vielleicht schon heute Nacht wieder auf seinen Beinen schlafen würde. Hoffentlich!

Er sah, wie Bruder Severus den Raum verließ und wollte gerade aufstehen, als ihm einfiel, dass der Unterricht für heute noch nicht vorbei war. Sie hatten ja noch eine Stunde. Rhetorik bei Albertus.

Die Kunst der Rede

Herr Albertus saß kerzengerade auf seinem Stuhl, die Unterarme auf die Lehnen gestützt, und schüttelte missbilligend seinen Kopf. Herr Albertus pflegte dies in regelmäßigen Abständen zu tun. Seine Schüler kannten das. Deshalb waren sie nicht überrascht, auch wenn sie nicht wussten, warum Herr Albertus ausgerechnet heute seinen Kopf so ausgiebig schüttelte. Aber niemand kam auf die Idee zu grinsen. Denn Herr Albertus machte Eindruck. Mit seiner Körpergröße, mit seiner Hakennase, mit seinen weißen buschigen Augenbrauen und seinem schneeweißen Umhang, den er jeden Tag trug. Bei wichtigen Anlässen legte er auch in der Schule seine weiße Toga* an.

»Schneeballieren im Unterricht!!!« Herr Albertus schüttelte noch einmal ganz energisch seinen Kopf.

»Das hätte ich von Bruder Fredericus wirklich nicht gedacht. Was für eine diabolische Zeitverschwendung! Ich hoffe, er wird dies heute Abend beichten und seine Tat bereuen. – Nikolaus, du möchtest uns etwas mitteilen?«

»Magister*, wir haben bei Bruder Fredericus mit den Schneebällen die Schwerkraft studiert.«

»Papperlapapp!«, sagte Herr Albertus und holte mit seinen beiden langen Armen zu einer weiten Geste aus. »Was für eine Narretei! Was für ein Kinderkram!«

Auch diese weit ausholenden Armbewegungen kannten seine Schüler zur Genüge. Auch deswegen hatten sie ihrem Lehrer den Spitznamen »Albatros« gegeben. Bruder Simon hatte ihnen von diesem exotischen weißen Vogel erzählt.

»Wenn eines völlig klar ist, dann das. Alles fällt auf die Erde, ohne Ausnahme. Fertig. Das muss man nicht mit Schneebällen eine Stunde lang beweisen. Das ist Humbug!«

Herr Albertus schüttelte sicherheitshalber noch mehrmals seinen Kopf, damit auch wirklich der letzte Schüler wusste, wie unmöglich das Werfen von Schneebällen im Unterricht war.

»Aber nun wollen wir uns nicht weiter damit beschäftigen. Es gibt Wichtigeres zu tun«, sagte er energisch. Sein rechter Arm sagte auf seine Art das Gleiche.

»Habe ich euch schon davon berichtet, dass ich nicht nur in Danzig und Krakau, sondern auch in Rom auf vielen großen Plätzen viele wichtige Reden gehalten habe?«

Natürlich hatte er. Schon sehr oft. Diesmal wollte Lukas das allerdings etwas genauer wissen.

»Magister, worüber haben Sie denn da so geredet?«, fragte er.

Herr Albertus wollte mit »Magister« angeredet werden. Das klang, so fand er, würdevoll.

Der Magister zögerte einen Moment, blickte kurz an die Decke, so, als ob dort die Antwort zu lesen sei und sagte:

»Über das antike Rom, zum Beispiel, oder über die griechische Philosophie und Mythologie. Aber davon verstehen Kinder leider noch gar nichts. Da müsst ihr noch etwas wachsen. Körperlich und geistig.«

»Homer, Herakles, Troja, Hydra, Helena«, schallte es durch den Raum. »Und natürlich Polyphem«, fügte Eberhard stolz hinzu.

Herr Albertus war für einen Moment sprachlos, dann räusperte er sich.

»So, so«, sagte er schließlich. »Aha, aha. Ja, dann wollen wir mal ‚in medias res'* gehen.«

»Wohin müssen wir jetzt gehen, Magister?«, fragte Mathias.

»Das ist Latein und heißt, dass wir nun wirklich sofort anfangen wollen«, erklärte Herr Albertus und grinste etwas unsicher.

»In meinem Grundkurs für gute Redner«, fuhr er fort, »habe ich euch schon die ersten zwei Regeln gelehrt. Ich wiederhole: Erstens: Rede laut und deutlich. Zweitens: Forme kurze Sätze und keine Bandwürmer. Und heute nun meine dritte Regel: Deine Sprache sei bunt und gewürzt. Dazu zählt die Alliteration. Habt ihr dieses Wort schon einmal gehört?«

Die Schüler sahen ihren Lehrer verdutzt an.

»Nun«, fuhr Herr Albertus fort, »ein ungewöhnliches Wort, gewiss, aber das werdet ihr schon lernen, keine Sorge.«

»Aber«, sagte Eberhard fast etwas empört, »aber die Alliteration war doch Hausaufgabe zu heute.«

Herr Albertus sah ratlos auf seine Schüler herab. Dann schluckte er, holte ein Taschentuch aus seinem Gewand und schnäuzte ausgiebig seine Nase.

»Ich würde gerne meine Beispiele für Alliteration nennen«, sagte Eberhard.

Herr Albertus nickte wortlos.

»Eigentlich habe ich mir Beispiele für den ‚Frosch' ausgedacht«, sagte Eberhard eifrig, »aber nun finde ich ‚Fisch' viel passender. Darf ich?«

Wieder nickte Herr Albertus. Bei dem ‚frisch frisierten Fisch' zuckte er einmal kurz zusammen, sagte aber nichts.

»Gut, gut, gut«, befand er schließlich, nachdem er ‚bibbernde Birne', ‚hechelnder Hering' und auch den ‚listigen Lurch' abgenickt hatte. »Das reicht. Ich sehe, ihr habt die Alliteration wirklich verstanden. Dann machen wir mit dem nächsten Kapitel der dritten Regel weiter.«

»Mit den Verben«, sagte er nach einer kurzen Pause. »Mit den Verben kann man viel Farbe in die Sprache bringen. Oder auch vieles falsch machen.

Angenommen, ihr berichtet über euren gestrigen Tag und erzählt mir Folgendes:

‚Gestern Morgen ging ich die Treppe hinunter und ging in die Küche, um zu frühstücken. Dann ging ich in die Schule. Später, als die Glocke läutete, ging ich zum Essen in das Refektorium. In der Mittagspause ging ich auf den Hof. Dann ging ich schnell aufs Klo. Dann ging ich wieder in das Klassenzimmer. Als es dunkel wurde, ging ich nach Hause. Als ich müde wurde, ging ich ins Bett.'

Also angenommen, ihr erzählt mir das genau so, dann würde ich entweder einschlafen oder schreiend aus dem Klassenraum laufen. Warum? Mathias?«

»Immer nur ‚gehen' ist öde. Gefällt mir gar nicht. Würde ich nicht machen.«

»Richtig. Welche Verben kennt ihr, die man stattdessen verwenden könnte?«

»Stolpern.«

»Trotten.«

»Hüpfen.«

»Watscheln.«

»Gleiten.«

»Stolzieren.«

»Hopsen.«

»Schleichen.«

»Schreiten.«

»Fliegen.«

»Balancieren.«

»Hinken.«

»Danke, danke! Und so weiter und so weiter. Ihr seht, es gibt viele schöne Verben. Und nun denkt mal darüber nach, wie ihr meine kleine Geschichte farbiger erzählen könntet. Lasst euch Zeit.«

Lukas meldete sich als Erster.

»Gestern Morgen glitt ich die Treppe hinunter und stolzierte in die Küche, um zu frühstücken. Dann watschelte ich in die Schule. Später, als die Glocke läutete, hopste ich zum Essen in das Refektorium. In der Mittagspause hinkte ich in den Hof. Dann schritt ich zum Klo. Anschließend schlich ich wieder in das Klassenzimmer. Als es dunkel wurde, flog ich nach Hause. Und als ich müde wurde, hüpfte ich ins Bett.«

Niemand sagte etwas. Einige Schüler grinsten belustigt. Der Albatros hob seine beiden Flügel und ließ sie wieder sinken.

»Und wie fandet ihr das?«, fragte er seine Schüler. Seine Stimme klang etwas matt.

»Mir hat es gut gefallen«, sagte Mathias. »Seine Sprache war gut gewürzt.«

»Also, ich fand's recht anschaulich und farbig«, sagte Eberhard. »Ich bin nicht eingeschlafen und schreien musste ich auch nicht.«

»Nun gut«, sagte Herr Albertus schließlich, »ich sehe, ihr habt das Prinzip meiner Regel richtig verstanden. Und nun noch zu einem anderen Gewürz, das zu der Regel Nummer drei gehört: der Vergleich.«

Herr Albertus wartete einen Augenblick, um die Spannung seiner Schüler zu erhöhen.

»Wenn ihr zum Beispiel der Meinung seid, dass euer kleiner Bruder dumm ist, dann könntet ihr sagen: ‚Mein kleiner Bruder ist dumm'. Aber es wird deutlicher für eure Zuhörer, wie dumm er wirklich ist, wenn ihr einen Vergleich verwendet. Also zum Beispiel: ‚Mein Bruder ist dumm wie Bohnenstroh' oder ‚er ist strohdumm'. Das ist anschaulicher, das ist farbiger, das ist besser.«

Andreas meldete sich.

»Magister, woher weiß man eigentlich, dass Bohnenstroh dumm ist?«

»Bohnenstroh ist nicht dümmer oder gescheiter als ein Kürbis, aber man sagt das halt so. Und deswegen weiß jeder Bescheid, wie dumm dein Bruder wirklich ist«, bekam er zur Antwort.

»Und wenn ich sagen würde, mein Bruder ist dumm wie Grießbrei, würde man das auch verstehen?«, wollte Friedrich wissen.

»Ich denke schon«, sagte Herr Albertus. »Du hast ja das Wort ‚dumm' mit dabei. Der Vergleich ist sogar ganz hübsch. Er ist neu, irgendwie frisch und originell. Du kannst den Satz heute Abend ja mal zu Hause ausprobieren.«

Mehrere Schüler murmelten vor sich hin. Sie waren bereits dabei, neue und originelle Vergleiche zu suchen und freuten sich darauf, ihrem kleinen Bruder oder ihrer kleinen Schwester mitzuteilen, was sie heute in der Schule gelernt hatten.

»Nun«, fuhr ihr Lehrer fort, »wollen wir mal sehen, welche Vergleiche euch bei anderen Verben oder Adjektiven einfallen. Was würdet ihr zum Beispiel sagen, um ‚sie grinst' noch anschaulicher zu machen?«

»Sie grinst wie ein Honigkuchenpferd.«

»Sie grinst wie ein Schaf.«

»Sie grinst wie ein Maulwurf.«

»Langsam, langsam, langsam«, rief Herr Albertus dazwischen, »wir wollen mal sortieren.«

»Das mit dem Honigkuchenpferd habe ich schon mal gehört«, sagte Martin, »aber ich habe noch nie ein grinsendes gesehen.«

»Ich auch nicht«, antwortete Herr Albertus. »Aber warum sagt man das trotzdem so?«

»Na vielleicht«, sagte Bertram, »weil jemand so süß grinst, wie ein Honigkuchenpferd schmeckt.«

»Zuckersüß wahrscheinlich«, sagte Herr Albertus nickend, »wahrscheinlich unangenehm zuckersüß. Völlig richtig. Wer von euch hat das Beispiel mit dem Schaf gebracht?«

»Ich«, meldete sich Peter. »Schafe grinsen, vor allen Dingen, wenn man sie von unten anschaut. Wenn ich im Sommer auf einer Wiese auf dem Rücken liege und ein Schaf kommt vorbei und beugt sich über meinen Kopf, dann sieht das immer so aus, als ob es grinst. Es ist aber immer ein ziemlich dämliches Grinsen. Haben Sie das früher nie gemacht?«

Herr Albertus hielt mitten in der Bewegung inne, richtete sich zu voller Größe auf und starrte Peter bedrohlich an.

»Was soll ich, bitte schön, früher gemacht haben?«

»Ich meine auf dem Rücken liegen, bis ein Schaf vorbeikommt?«, sagte Peter schnell.

»So etwas habe ich früher nicht gemacht und so etwas werde ich auch in Zukunft nicht machen«, sagte sein Lehrer. Seiner Stimme hörte man an, dass er verärgert war.

»Magister, aber es stimmt«, beeilte sich Lukas zu sagen. »Schafe grinsen ziemlich dümmlich, vor allen Dingen von unten aus gesehen. Ich kenne jemanden, bei dem sieht das ganz genau so aus, wenn er grinst. Nicht nur von unten. Ich sage aber nicht, bei wem.«

»Wen meinst du?«, fragte Mathias kampfeslustig und wurde rot. (»Rot wie eine Himbeere«, würde Herr Albertus sagen und an die Regel Nummer drei erinnern.) »Meinst du etwa mich?«

»Das würde ich niemals wagen«, sagte Lukas gut gelaunt. »Niemals.«

»Was war nun mit dem Maulwurf?«, fragte ihr Lehrer, um seine Schüler auf andere Gedanken zu bringen.

»Ich war das«, sagte Eberhard. »Wenn meine Oma grinst oder lacht, und das tut sie ziemlich oft, dann sieht sie aus wie ein Maulwurf: Augen zu, lange spitze Nase und der Mund von einem Ohr zum anderen. Und wenn sie dann noch ein schwarzes Kleid anhat, dann sagen wir zu ihr: ‚Du siehst heute wieder aus wie ein grinsender Maulwurf'. Inzwischen findet das auch meine Oma lustig.«

»Was denkt ihr«, fuhr Herr Albertus fort, »weiß jeder, was gemeint ist, wenn Eberhard zu jemandem auf dem Marktplatz sagt: ‚Der da drüben grinst wie ein Maulwurf'?«

»Nein«, sagte Friedrich, »nur wenn seine Oma daneben steht und grinst. Aber die kann ja nicht immer mit ihm durch die Gegend ziehen. Also streichen wir den grinsenden Maulwurf, würde ich sagen.«

»Machen wir«, sagte Herr Albertus.

Da Herr Albertus großen Wert auf Vergleiche legte, ließ er seine Schüler den Rest der Stunde Vergleiche mit allerlei Verben und Adjektiven üben.

»Ein Beispiel geht noch«, sagte er, als die Stunde fast zu Ende war. »Flach«, sagte er. Mehr war nicht notwendig. Seine Schüler wussten, was sie zu tun hatten.

»Flach wie eine Flunder.«

»Flach wie die Flößeruhr an der Johanneskirche.«

»Flach wie die Erde.«

»Flach wie platte Füße.«

»Flach wie….«

»Augenblick, Augenblick«, rief Simon dazwischen und merkte sofort, dass er etwas Verbotenes getan hatte.

»Entschuldigung, Magister«, sagte er schuldbewusst, »aber mein Onkel hat mir letzte Woche erzählt, er hätte gehört, dass die Erde gar keine Scheibe ist, sondern eine Kugel.«

»Manche Leute erzählen viel Blödsinn, wenn der Tag lang ist«, sagte Eberhard boshaft und grinste überheblich in Simons Richtung.

»Ich glaub' das nicht«, sagte Albrecht. »Es hat ja auch noch keiner gesagt, dass die Erde dreieckig ist, oder? Ne, ne, die Erde ist eine Scheibe, so wie es immer war.«

»Ist ‚flach wie die Erde' nun richtig oder falsch?«, fragte Herr Albertus nach. »Was meinst du, Nikolaus? Du kennst dich doch aus in diesen Dingen.«

Nikolaus antwortete nicht sofort. Eigentlich hatte er gar keine Lust, überhaupt etwas zu sagen. Er war mit Balthasar beschäftigt. Was wäre, wenn er ihn nun doch nicht zu Hause antreffen würde? Nicht auszudenken!

»Ich habe beides gehört«, antwortete er schließlich. »Von alten Seeleuten, die bei uns im Kontor saßen und sagten, die Erde sei wahrscheinlich eine Kugel. Von anderen habe ich gehört, das sei alles Unfug. Aber von einem Dreieck oder Rechteck hat noch niemand was erzählt.«

»So, Kinder«, unterbrach Herr Albertus, »hier machen wir Schluss für heute. Hausaufgabe zur nächsten Stunde: Jeder bemüht sich um so viele Informationen wie möglich darüber, wie die Erde aussieht. Ob sie rund ist oder flach wie ein Pfannkuchen. Fragt alle Leute, die ihr kennt. Findet so viele Argumente wie möglich. In der nächsten Stunde gibt es dann zu diesem Thema ein Streitgespräch zwischen der Gruppe der Pfannkuchenanhänger und der der Kugelbefürworter. Kommt gut nach Hause.«

Als ihr Magister den Raum verlassen hatte, sagte Peter zu Simon:

»Wenn ich gleich zu Hause bin und das meinem Opa erzähle, dann wird er sich wieder furchtbar aufregen. ‚Wie können die Lehrer nur so blöde Hausaufgaben aufgeben', wird er schimpfen. ‚Die Lehrer sollen gefälligst Aufgaben stellen, die die Kinder auch alleine machen können. Jetzt erledigt wieder mal die ganze Verwandtschaft die Hausaufgaben für die Kinder. Als hätte die nichts Besseres zu tun. Typisch Lehrer'.«

»Aber dann«, fuhr Peter fort, »wird er mir stundenlang erzählen, was er selber über die Form der Erde denkt und was er hier und dort aufgeschnappt hat. Und dann findet der überhaupt kein Ende mehr. Das nervt. Typisch Opa.«

Klops oder Pfannkuchen?

Nikolaus saß alleine in der großen Kirche. Alle anderen Schüler und Lehrer hatten sie nach der Morgenandacht längst verlassen. Auch die Orgel hatte aufgehört zu spielen.

Nikolaus legte seinen Kopf in den Nacken und blickte nach oben zu den goldenen Sternen im Gewölbe. Dann schaute er nach vorne, auf die Wand links vom Altar, auf der das Sonnenlicht die Backsteine erleuchtete. Heute hatte er keine Freude an den Sternen oder an der Sonne. Das war alles unwichtig. Balthasar war nicht da, als er gestern aus der Schule kam. Und er war sich doch so sicher, dass Balthasar ihn zu Hause erwarten würde. Aber er war nicht da. Jetzt hatte er alle Hoffnung verloren.

Du musst los, sagte er zu sich. Du kommst zu spät zum Unterricht. Langsam erhob er sich und schlurfte an der Bank entlang zum Mittelgang. Prompt stolperte er und wäre beinahe hingefallen. Mist, dachte er, alles geht schief.

Der Küster wollte gerade das Kirchenportal abschließen, als Nikolaus den Ausgang erreichte. Er blickte ihm missmutig entgegen.

»Jeden Morgen das Gleiche«, schimpfte er. »Irgendeinen gibt es immer, der morgens rumtrödelt. Und ich steh' mir hier die Beine in den Bauch. Euch ist das natürlich völlig egal. Mit mir könnt ihr das ja machen, denkt ihr. Aber damit ist jetzt Schluss. Hörst du? Schluss! Ein für alle Mal! Ab morgen werde ich jedem, der spät dran ist, einfach die Türe vor der Nase zuschließen. Basta!«

Nikolaus hatte ihm gar nicht zugehört. Er sah auch nicht den strahlend blauen Himmel, als er in Richtung

Schule ging. Er blickte auf den Boden, auf die Spuren im Schnee. Er dachte an Löwenzahn, bei dem er Balthasar jeden Morgen um diese Zeit abgeholt hatte. Gemeinsam mit Hanno. Hanno war heute nicht gekommen. Hoffentlich war er nicht ernsthaft krank.

»Mann oh Mann, Junge, hast du keine Augen im Kopf?«, schimpfte jemand unmittelbar vor ihm.

Zwei Zimmerleute kreuzten den Gehweg, sie trugen einen langen Holzbalken. Nikolaus hatte sie gar nicht gesehen.

»Ich glaube, der träumt mit offenen Augen«, amüsierte sich der Zweite.

Nikolaus blieb stehen, bis sie mit ihrer Last vorbei waren. Normalerweise hätte er sich entschuldigt, aber heute sagte er nichts und trottete weiter.

»Auch das noch«, seufzte er, als er Gregor sah. Gregor stand vor den Stufen, die zur Schultüre hinaufführten.

»Keine Katze und kein Kumpel heute? Pech gehabt, Kopernikus! Der eine ist morgen vielleicht schon wieder da, die andere aber sicher nicht. Die bist du los, Kopernikus, für immer. Schönen Tag noch«, sagte er und grinste gehässig.

Nikolaus kochte innerlich, reagierte aber nicht auf diese Gemeinheit und öffnete wortlos die Türe.

Er stieg die Treppe hoch zu seinem Klassenraum.

»Was gehört?«, fragte ihn Lukas. Die anderen drehten sich um, als Nikolaus nicht antwortete. Er schüttelte nur den Kopf und ließ sich auf seine Bank fallen. Wie sollte er bloß diesen Tag überstehen?

Von den ersten Stunden hatte er so gut wie nichts mitbekommen. Lukullus schien froh darüber zu sein, dass

Nikolaus keine Fragen stellte. Deshalb stellte er ihm auch keine. Auch der Ostwind verschonte ihn, Gott sei Dank.

In der Pause blieb er im Klassenraum. Draußen herumzurennen oder Schneebälle zu werfen, dazu hatte er heute nicht die geringste Lust.

Zum Unterricht hatte es bereits geläutet, aber noch war Bruder Fredericus nicht erschienen. Vom Ende des Flurs her waren mehrere aufgeregte Stimmen zu hören. Wenig später wurden sie noch lauter. Einige Schüler riefen:

»Er hat ihn! Er hat ihn!«

Irgendetwas Ungewöhnliches musste passiert sein. Nikolaus lief mit den anderen Schülern auf den Gang hinaus und sah Bruder Franziskus. Sein Gesicht strahlte. Seine Mönchskutte war so weit hochgezogen, dass seine krummen weißen Beine fast bis zu den Knien zu sehen waren. Seine Füße steckten wie immer in dunkelbraunen Sandalen.

»Ich habe Balthasar gefunden«, rief er glücklich und kam zu Nikolaus. Von seinem Kater waren nur die beiden schwarzen Ohren zu sehen. Bruder Franziskus trug ihn auf dem linken Arm und hatte ihn mit dem Stoff seiner hochgezogenen Mönchskutte zugedeckt. Eine große Traube von Schülern umringte die beiden. Nikolaus war wie benommen. Er streichelte vorsichtig den Kopf von Balthasar. Als er fragen wollte, wo er ihn gefunden hatte, hörten und sahen sie Gregor, der mit großen Schritten die Treppe heraufstürmte und schrie:

»Was ist hier los? Was soll der Krach?«

Als er Bruder Franziskus sah, verstand er sofort, was passiert war. Wie eine Furie sprang er auf ihn zu und hätte sich bestimmt auf ihn gestürzt, wenn dies möglich gewesen wäre. Aber die Schüler ließen ihn nicht durch. Wie auf Kommando hatten sie einen Schutzwall um Bruder Franziskus und Balthasar gebildet.

»Weg da!«, brüllte Gregor sie an. »Weg da, ihr Lumpenpack! Der schwarze Kater gehört mir!«

Er versuchte die ersten Schüler wegzuzerren, riss sie an den Haaren und trat nach ihnen. Er war wie von Sinnen.

»Wir bleiben alle genau da stehen, wo wir sind«, rief Friedrich. »Lasst euch nicht einschüchtern. Gegen uns alle hat er keine Chance.«

Gregor zog und zerrte, schlug mit seinen Fäusten und trat um sich. Aber er kam Bruder Franziskus und Balthasar keinen Zentimeter näher.

»Ich werde euch alle grün und blau prügeln. Und den Kater bekomme ich doch«, kreischte er und drosch weiter auf die Schüler ein.

»Oder auch nicht«, sagte jemand hinter ihm in ruhigem, aber scharfem Ton.

Gregor drehte verwundert seinen Kopf und packte gleichzeitig einen Jungen, dem Blut von der Nase tropfte, und wollte ihn an den Haaren wegzerren.

»Loslassen, sofort!«, sagte die gleiche Stimme.

»Du träumst wohl«, presste Gregor hervor, ohne sich umzudrehen.

Wortlos ergriff Bruder Severus Gregors rechten Arm und verdrehte ihn mit einer einzigen Bewegung so stark, dass Gregor aufheulte, den Schüler losließ und seinen Oberkörper nach vorne beugen musste. Es sah so aus, als machte Gregor eine tiefe Verbeugung vor allen Schülern und vor Balthasar. So wie es die Gaukler taten, die im Sommer auf dem Marktplatz Vorführungen machten und sich am Ende, bevor sie die Bühne endgültig verließen, lange und tief vor ihrem Publikum verbeugten.

»Und jetzt gehen wir beide hübsch artig zum Schulleiter«, sagte Bruder Severus, »schön langsam und mit dem Kopf nach unten, so wie jetzt. Eine einzige falsche Bewegung von dir und dein Arm sagt ‚knacks'. Ich hoffe, du kannst dir das merken.«

Es war das letzte Mal, dass die Schüler Gregor in der Schule zu Gesicht bekamen. Keiner wusste, wohin er verschwunden war. Und es gab auch niemanden, der dies wirklich wissen wollte.

Als der Kampf mit Gregor vorüber war, begutachteten die Jungen ihre blauen Flecken, ihre Schürfwunden und blutenden Nasen und schnatterten aufgeregt durcheinander. Stolz auf die Schmerzen, die sie mannhaft ertragen hatten, stolz darauf, dass sie es gemeinsam geschafft hatten, Balthasar und Bruder Franziskus zu beschützen. Dass Bruder Severus ihnen geholfen hatte, damit hätten sie nie im Leben gerechnet. Ausgerechnet Bruder Severus, dem alle aus dem Weg gingen und dem man immer nur Gemeinheiten zutraute.

»Der Ostwind war echt stark! Hat den Gregor mit einem einzigen Trick fertig gemacht«, sagte Lukas voller Anerkennung. »Den Gregor, der immer so tat, als sei er ein echter Haudegen. Das war echt Spitze von dem Ostwind.« Alle anderen Schüler nickten eifrig.

Bruder Franziskus war inzwischen mit Balthasar in den Klassenraum gegangen.

»Ich habe ihn beim Schuppen gefunden, als ich nach den Vögeln im Haselnussstrauch sehen wollte«, erzählte er Nikolaus. »Er saß im Schnee und miaute jämmerlich.

Er wird schrecklich Hunger haben und richtig durchgefroren ist er sicher auch. Ich werde mal etwas zu fressen organisieren.«

»Guten Tag, Herr Kollege«, grüßte er Bruder Fredericus, der in diesem Augenblick die Türe öffnete. »Ich denke, einen ganz strengen Unterricht können Sie jetzt nicht sofort veranstalten«, sagte er. »Diese tapferen Jungen hier haben eine Belohnung verdient. Die haben heute schon viel geleistet.«

»Hab's schon gehört«, antwortete Bruder Fredericus schmunzelnd. Er setzte sich auf den Lehrerstuhl und betrachtete seine Schüler.

Nikolaus hatte nur Augen für Balthasar. Ihm wäre es auch recht gewesen, hätte Bruder Fredericus sofort mit einer Prüfung begonnen. Balthasar war wieder da! Sein Balthasar! Alles andere war unwichtig! Völlig unwichtig! Er hielt seinen Kater auf den Armen und drückte ihn fest an sich. Zumindest heute würde er ihn nicht wieder loslassen.

Alle Schüler waren inzwischen wieder im Klassenraum, fröhlich und ausgelassen. Sie unterhielten sich gut gelaunt. Ab und zu stöhnten einige von ihnen kurz auf, verzogen ihr Gesicht und rieben jammernd Schienbeine oder Nasenrücken, um sich und die anderen daran zu erinnern, welche Heldentaten sie vollbracht hatten.

Mathias hatte die Gunst der Stunde als Erster erkannt. Er meldete sich.

»Ja, Mathias«, fragte Bruder Fredericus freundlich, »was hast du auf dem Herzen?«

»Sie sind doch ein weiser Mann und ein großer Gelehrter«, sagte Mathias mit seiner Sahnebonbon-Stimme.

Augenblicklich verstummten alle anderen Gespräche. Jeder wollte hören, was nun folgte. Einige verdrehten die Augen. Alle dachten: »du elender Schleimer.«

»Sie können uns doch bestimmt sagen, ob die Erde eine Kugel ist oder eine Scheibe.« Mathias schaute Bruder Fredericus gespannt an.

»Wie kommst du ausgerechnet jetzt auf diese Frage?«, wollte sein Lehrer wissen.

»Der Albatros hat uns diese Hausaufgabe gestellt. Wir sollen möglichst viele Menschen bis zur nächsten Stunde fragen, um uns ein Bild zu machen. Oma, Opa, egal wen. Aber bei Ihnen macht das mehr Sinn als, zum Beispiel, bei meiner Oma. Das ist mal sicher.«

»Wer ist Albatros?«, fragte Bruder Fredericus verwundert.

»Hab' ich Albatros gesagt?« Mathias wurde verlegen. »'Tschuldigung«, stotterte er, »ich meinte Herrn Albertus.«

»So, so«, sagte Bruder Fredericus grinsend, »also Albatros. Nicht schlecht.«

Er schwieg eine Weile und überlegte.

»Das machen wir anders. Erst erzählt ihr mir, was ihr denkt, und dann erzähle ich, was ich weiß. Wer fängt an?«

»Ich«, sagte Martin. Das war ungewöhnlich. Er meldete sich nur selten freiwillig.

»Ich habe meinen Onkel gefragt, und der hat mir gesagt, ich soll erst auf einen sehr hohen Baum klettern und mich dann ausgiebig und ganz genau umschauen. Und erst wenn ich damit fertig sei, könne man darüber reden.«

»Und?«, fragte Mathias interessiert.

»Ich hab's genau so gemacht. Als ich wieder zu meinem Onkel zurückkam, hab' ich ihm erzählt, dass ich ganz oben auf einem Ast gesessen und alles ganz genau beobachtet hätte. Genauso wie ein Uhu in der Nacht. Die Erde ist flach und kreisrund, habe ich ihm berichtet, wenn man da oben auf dem Baum sitzt.«

»Siehst du, und genau so sieht die Erde insgesamt aus, sagte mein Onkel zufrieden. Nur viel, viel größer. Sie ist eine riesengroße Scheibe.«

»So isses«, sagte Mathias eifrig. »Wenn man auf das Meer raus fährt, sagt mein Opa, muss man wahnsinnig aufpassen, dass man nicht zu weit raus kommt. Sonst fährt man über das Ende der Welt hinaus und stürzt in die Tiefe. Deshalb gibt es ja auf jedem Segelschiff oben im Mast einen Korb, in dem ein Matrose sitzt. Der muss höllisch aufpassen und alle anderen vor dem Ende der Welt warnen.«

»Und ich hab' gehört«, fuhr Peter fort, »die Erdscheibe muss wohl irgendwo unter uns ganz fest verankert sein. Vielleicht so ähnlich wie ein Schiff vor einer Insel. Sonst würde die Erde ja immer hin- und herschaukeln und mal hierhin oder mal dorthin geschoben werden. Schade, dass man hier oben das da unten nicht sehen kann. Höchstens die können das, die über das Ende der Welt hinausfahren. Aber das nützt uns ja nichts. Leider.«

»Es gibt ja immer noch Bekloppte, die behaupten, die Erde sei 'ne Kugel«, sagte Eberhard etwas geringschätzig.

Bruder Fredericus hob entsetzt die Augenbrauen und sagte tadelnd:

»Eberhard, Vorsicht Sprache!«

»Waren die Bekloppten nicht so gut?«, fragte er.

Bruder Fredericus schüttelte wortlos den Kopf.

»Schade. Dann also noch einmal von vorne«, sagte Eberhard, überlegte kurz und legte los.

»Es gibt ja immer noch völlig Ahnungslose, die behaupten, die Erde sei eine Kugel.«

Er machte eine kurze Pause, um abzuwarten, ob sein Lehrer jetzt zufrieden war. Dann fuhr er fort.

»Das muss man sich mal vorstellen. Dann müsste es ja Menschen geben, die immer mit den Füßen nach oben leben, also mit ihren Füßen an der Decke kleben. Die immer mit einem Kopf unterwegs sind, der aussieht wie eine rote Rübe! Wie verrückt ist das denn? Oder denkt an die armen Menschen zwischen oben und unten. Das wäre ja so, als ob wir immer die Hauswand rauf- und runter laufen würden. Da wird mir ja schon übel, wenn ich nur daran denke.«

»Und so 'nen Klops – so heißt die Erdkugel bei meinem Opa – «, sagte Albrecht kichernd, »den könnte man auch gar nicht vernünftig irgendwo verankern. Der kullert dann wahrscheinlich immer so im Weltall herum, dieser Klops. Dann doch lieber auf einem Pfannkuchen leben als auf einem Klops, sagt mein Opa.«

Bruder Fredericus sah in die Gesichter seiner Schüler. Die meisten waren ganz offensichtlich dieser Meinung.

»Denken alle so wie Albrecht und sein Opa?«, wollte er schließlich von ihnen wissen.

Es dauerte eine Weile, bis Nikolaus sich meldete. Er hatte Balthasar auf seinem linken Arm und streichelte ihn mit der rechten Hand. Bruder Fredericus hatte heute nichts dagegen.

»Das, was Martin erzählt hat, hab' ich auch gesehen, als ich mal auf einen hohen Baum geklettert bin. Dann sieht die Erde aus wie eine Scheibe. Aber an der Ostsee ist das anders. Wenn ein Schiff den Hafen verlässt, dann sieht man nach einiger Zeit nicht mehr den Rumpf, sondern nur noch das Segel und den Mast. Und später, wenn man besonders gute Augen hat, nur noch den Mastkorb und zuletzt den bunten Wimpel, der ganz oben am Mast befestigt ist.

Umgekehrt ist es genauso. Am Horizont erscheint nicht ein kleiner Fleck, der dann ein großer Fleck wird und dann ein Schiff. So ist es nicht. Man sieht zuerst das Segel und erst nach einer ganzen Weile auch den Rumpf. Das könnte bedeuten, dass die Erde rund ist.«

»Und was sagen Sie?«, wandte sich Lukas an Bruder Fredericus, »Klops oder Pfannkuchen?«

Bruder Fredericus erzählte ihnen, was er aus alten Schriften und Büchern über dieses Thema wusste. Über Pythagoras und Aristoteles, die vor ungefähr zweitausend Jahren in Griechenland lebten und schon damals der Meinung waren, dass die Erde eine Kugel sei. Und über Eratosthenes, der dieses schon vor vielen Jahrhunderten bewiesen hatte. Auch die meisten der Gelehrten, die heute lebten, würden nicht daran zweifeln.

Bruder Fredericus sah es ihren Gesichtern an, dass seine Worte nicht viele Schüler überzeugt hatten. Eberhard hatte keine Hemmungen, genau das zu sagen.

»Wir nehmen Ihnen das nicht übel, Bruder Fredericus«, sagte er sehr freundlich. »Sie müssen das wahrscheinlich so sagen, kann ich mir vorstellen. Und Sie meinen es ja auch bestimmt gut mit uns. Aber die Griechen erzählen gerne Märchen. Das kennen wir schon. Das beeindruckt uns nicht mehr.«

Er machte eine kleine Pause, um seinen letzten Worten noch mehr Gewicht zu geben:

»Die Sache ist doch völlig eindeutig: Die Erde ist eine Scheibe, unten irgendwie fest gemacht, Himmel drüber, Sterne drin, die Sonne kreist d'rum herum und in der Nacht der Mond. Fertig! Wir leben auf einem Pfannkuchen.«

Sonne, Mond und Sterne

Nach dem Unterricht stand Nikolaus mit Balthasar auf dem Arm vor dem Lehrerstuhl. Er wartete, bis Bruder Fredericus ihn ansprach.

»Wer von euch beiden möchte etwas von mir wissen?«, fragte Bruder Fredericus freundlich. »Schön, dass er wieder da ist«, fügte er noch hinzu.

Nikolaus strahlte.

»Ich möchte um Erlaubnis bitten, dass wir heute ausnahmsweise nicht zusammen rechnen. Ich würde nach der letzten Stunde gerne nach Hause gehen und mich um Balthasar kümmern.«

Bruder Fredericus traf sich an jedem zweiten Tag nach Schulschluss mit Nikolaus. Dann unterrichtete er den begabten Jungen in Algebra und Geometrie. Sie rechneten Aufgaben, die um ein Vielfaches schwieriger waren als die, die er den anderen Schülern im Unterricht gab. Wenn immer möglich, verknüpfte Bruder Fredericus die Rechenaufgaben für Nikolaus mit astronomischen Themen. Für Nikolaus waren diese Stunden ein großes Vergnügen, aber heute wollte er so schnell wie möglich mit Balthasar nach Hause und dort bei ihm bleiben.

»Dann treffen wir uns eben morgen. Ist in Ordnung.«

Nikolaus bedankte sich, machte aber keine Anstalten, den Raum zu verlassen.

»Ich habe noch eine Frage«, sagte er schüchtern.

Bruder Fredericus nickte aufmunternd.

»Das, was Eberhard und die anderen gerade gesagt haben, das kann doch unmöglich richtig sein, oder? Die Erde ist doch kein Pfannkuchen!«

»Natürlich nicht«, seufzte Bruder Fredericus. »Aber was soll ich machen? Ich kann berichten, was in den alten Schriften steht, du kannst beschreiben, was du am Strand gesehen hast, aber gegen die Opas und die Onkels von Thorn kommen wir beide nicht an. Noch nicht. Lange wird es aber nicht mehr dauern, bis es jeder weiß, dass die Erde eine Kugel ist.«

Nikolaus sah ihn fragend an.

»Du wirst es erleben, Nikolaus. Schiffe werden zurückkehren und ihre Kapitäne werden berichten, dass sie die Welt umsegelt haben. Das ist dann der endgültige Beweis.«

»Wenn aber die Erde ganz sicher eine Kugel ist – und keine Scheibe –, ist dann vielleicht auch vieles, was um die Erde herum geschieht, ganz anders, als wir es bisher geglaubt haben?«, fragte Nikolaus.

Bruder Fredericus sah ihn lange schweigend an.

»Nach allem, was Gelehrte seit Jahrhunderten erforscht haben, ist es sicher, dass die Erde eine Kugel ist. Aber …«

Bruder Fredericus machte erneut eine Pause. »Aber, ob die Erde wirklich der Mittelpunkt des Universums ist, das ist für mich noch nicht klar.«

Nikolaus starrte seinen Lehrer mit offenem Mund an.

»Es gibt Gelehrte«, fuhr er fort, »die behaupten, dass sich die Erde um die Sonne dreht. Einer von ihnen, Aristarchos von Samos, ein Grieche, hat das schon vor 1700 Jahren gesagt. Er war Astronom und Mathematiker. Die Sonne steht still, behauptete er, und die Erde bewegt sich in einem riesengroßen Kreis um die Sonne. Und wenn wir sehen, wie die Sonne morgens aufgeht, durch den Himmel wandert und abends untergeht, hat dies nichts mit der Bewegung der Sonne zu tun, sondern nur mit der Drehung der Erde. Die Erde bewegt sich, nicht die Sonne, sagt Aristarchos von Samos. Andere Gelehrte tun dies auch.«

Nikolaus war wie vom Donner gerührt. Er wusste nicht, was er denken oder sagen sollte. Alles, was er bisher über die Sonne, die Erde und die Sterne wusste, war genau das Gegenteil von dem, was er gerade gehört hatte.

Aber diese neue Idee schockierte ihn nicht. Nicht im Geringsten. Ganz im Gegenteil. Er hatte das Gefühl, als habe Bruder Fredericus gerade eine zweite Luke in seiner Dachkammer eingebaut, durch die etwas ganz Neues zu sehen sein würde, etwas, was ihn wahnsinnig interessierte.

»Gibt es ein Buch, in dem etwas über diese Idee zu lesen ist?«, fragte Nikolaus.

»Dich interessieren die Begründungen, die Beweise, stimmt's?«

Nikolaus nickte.

»Da muss ich dich enttäuschen. Die sind sehr dürftig. Die würden dir nicht helfen.« Bruder Fredericus machte eine kurze Pause.

»Bisher hat noch niemand ernsthaft versucht, diese Idee zu beweisen. Jedenfalls ist es noch niemandem gelungen. Aber ich kenne jemanden, dem ich das zutraue.«

Bruder Fredericus machte eine Pause und sah Nikolaus ernsthaft an.

»Ich würde mich nicht wundern, wenn dir, Nikolaus, das eines Tages gelingen würde. Ich kenne keinen anderen, den diese Fragen so brennend interessieren wie dich.«

Nikolaus wusste nicht, ob er träumte.

»Studiere an den besten Universitäten, erforsche den Himmel, berechne den Lauf der Sterne und den des Mondes! Finde Beweise dafür, ob sich die Erde oder die Sonne bewegt! Eines Tages, wenn du es wirklich willst, kannst du es schaffen.«

Bruder Fredericus klopfte dem verwirrten Nikolaus aufmunternd auf die Schulter.

»Und nun kümmere dich um deinen Kater. Morgen Abend machen wir weiter mit der Mathematik. Du wirst sie brauchen, wenn du das Weltall verstehen willst.«

Mit Balthasar auf dem Arm machte sich Nikolaus am Ende des Schultages auf den kurzen Heimweg. Es war dunkel, der schwarze Himmel sternenklar. Nikolaus spürte die Kälte nicht. Seine lila Samtmütze hatte er achtlos in die Tasche gestopft. Was für ein wunderbarer Tag! Balthasar war wieder da! Und Bruder Fredericus glaubte an ihn. Er drückte Balthasar so fest an sich, dass er vor Schreck miaute.

»'Tschuldigung«, murmelte Nikolaus in sein rechtes Ohr, »ich freu' mich so!«

Bevor er nach Hause ging, machte er noch einen kleinen Umweg und schaute bei Hanno vorbei. Er wollte ihm berichten, dass Balthasar wieder aufgetaucht und dass Gregor verschwunden war.

»Besser geht's nicht«, sagte Hanno, der sehr bleich war und kaum ein Wort herausbekam, ohne zu husten.

»Und was war sonst noch so?«

»Wir haben bei Bruder Fredericus darüber diskutiert, ob die Erde ein Klops ist oder ein Pfannkuchen.«

»Hör bloß auf, mir wird schon schlecht, wenn ich vom Essen nur was höre«, sagte Hanno und versuchte zu grinsen. Es gelang ihm nicht wirklich. Er sah aus wie eine Vogelscheuche.

»Geh ins Bett«, sagte Nikolaus, »und werd schnell wieder gesund. Mit dir zusammen macht mir die Schule viel mehr Spaß. Gute Nacht.«

Nikolaus winkte ihm kurz zu, drehte sich um und stapfte davon.

Sobald er die Haustüre geöffnet hatte, ließ er Balthasar auf den Boden. Sein Kater lief auf dem kürzesten Weg durch die Diele zur Küche, zum Herd.

»Da bist du ja endlich!«, begrüßte ihn Agnes voller Freude. Sie beugte sich zu ihm hinunter und streichelte ihn ausgiebig. »Wo warst du denn so lange?«

Auch Nikolaus' Mutter begrüßte ihn freudig und strich ihm über das schwarze Fell. Balthasar leckte bereits die Milch aus einer Schale, die ihm Agnes hingestellt hatte.

»Ich glaube, er braucht heute mal etwas Kräftiges«, sagte Agnes, »er sieht so mager aus.« Sie schaute ihn noch einmal, die Hände in die Hüften gestemmt, von allen Seiten mit prüfenden Blicken an und verschwand wortlos im Keller.

»Heute ist ein Festtag, Balthasar. Weil du wieder da bist«, sagte sie feierlich, als sie wieder zurück war. Sie legte ohne zu zögern ein dickes Stück Räucherfisch auf den Boden. Balthasar zerrte es sofort hinter den Stapel Feuerholz. Er wollte nicht mehr gestört werden.

Nikolaus erzählte ausführlich. Er berichtete von Assisi und seinen nackten Beinen und schilderte ganz genau, wie alle Schüler Balthasar vor Gregor schützten und wie der Ostwind dann kurzen Prozess mit dem Kastellan machte.

»Ostwind, wer soll das sein?«, fragte seine Mutter tadelnd. Sie mochte es nicht, wenn die Schüler ihren Lehrern merkwürdige Namen gaben. Das gehörte sich einfach nicht bei Respektspersonen. Nur bei Assisi ließ sie das durchgehen. Dieser Name war ein Kompliment.

Als keiner mehr redete, hörten sie Balthasar genüsslich schmatzen.

»Ich denke«, sagte Agnes mit fröhlichem Gesicht, »wir haben heute etwas zu feiern. Balthasar ist wieder da. Wie wäre es, wenn ich uns Bratäpfel zum Nachtisch mache? Das passt auch gut zum heutigen 1. Dezember.«

»Mit viel Honig und viel Zimt?«, fragte Nikolaus, dem das Wasser im Mund zusammenlief.

»Gerne«, sagte Agnes. Seine Mutter nickte zustimmend.

»Wir warten mit dem Essen, bis Andreas kommt. Du musst dich doch sicher noch für morgen vorbereiten, Nikolaus.«

Nikolaus nickte. Er wusste zwar nicht, was er für die Schule machen sollte, aber er wollte gerne etwas alleine sein.

»Darf ich dazu ins Kontor gehen?«

»Klar, aber bring nichts durcheinander.«

»Hier, Nikolaus, nimm die Kerze mit. Da drinnen ist es zu dunkel«, sagte Agnes und öffnete ihm die Türe.

Nikolaus liebte das Kontor. Nicht nur, weil es in diesem Raum so angenehm nach poliertem Holz duftete, sondern vor allen Dingen, weil es dort nach fernen Welten und nach Abenteuern roch. Handelsherren und Seeleute gingen hier früher ein und aus. Er selbst war oft mit dabei, als sein Vater hier mit Kapitänen zusammensaß, die mit ihren Schiffen Waren nach Thorn gebracht hatten. Sie berichteten über Stürme auf dem Meer, über die Sterne, die ihnen den Weg wiesen und über Abenteuer in fremden Ländern. Und er, Nikolaus, saß auf einem der Stühle an der Wand und hörte atemlos zu.

Nikolaus schloss die Türe hinter sich und stellte den breiten Fuß des Kerzenleuchters vorsichtig auf den Tisch. Er rückte den Stuhl, auf dem sein Vater immer saß, an den Tisch heran und setzte sich. Alles war so geblieben, wie es früher war, als sein Vater noch lebte. Nichts war verändert worden.

Ein großes Kontorbuch lag auf der linken Hälfte des Tisches. Darin hatte sein Vater bis zuletzt Eintragungen vorgenommen. Direkt vor ihm befanden sich Federkiele in einem schlanken Glasbehälter, schwarze Tinte in einem kleinen Tintenfass und feiner Sand, um die Tinte zu trocknen. An der Wand gegenüber, unter den dunkelgrünen Butzenscheiben, war eine alte Holztruhe. Mehrere Stadtansichten von Thorn hingen an den Wänden und ein düsteres Ölgemälde von seinem Großvater. Nikolaus hatte es noch nie gemocht. Vor diesem Bild hatte er sich schon immer ein wenig gefürchtet.

Die Türe öffnete sich für einen Augenblick. »Balthasar will zu dir«, sagte Agnes, »er hat dich gesucht.«

Balthasar strich um seine Beine und war erst zufrieden, als er sich auf seinem Schoß niederlassen durfte.

Nikolaus zog das Kontorbuch zu sich heran, öffnete es vorsichtig und strich ehrfürchtig die Seiten glatt. Er schaute sich dieses Buch nicht zum ersten Mal an. Mit seiner großen sauberen Schrift und mit schwarzer Tinte hatte sein Vater alles festgehalten, was er im Laufe der Jahre an Geschäften mit Kupfer und anderen Waren gemacht hatte. Das Datum der Bestellung war zu lesen und das der Lieferung, die Bezeichnung der Waren, die Mengen, die Preise, die Summen, die Namen der Händler und die der Kapitäne. Einfach alles, was wichtig und interessant war.

Er streichelte Balthasar und fragte sich, ob er selbst eines Tages hier an diesem Tisch sitzen würde, um Eintragungen in diesem Buch vorzunehmen, wie dies sein Vater getan hatte.

»Was meinst du dazu, Balthasar, hätten wir beide Spaß daran?«

Sein Kater sah ihn fragend an.

»Du hast Recht, ich kann mir das auch nicht wirklich vorstellen.«

Er hätte schon Lust zu reisen, dachte er. Auch Lust, Eintragungen mit schwarzer Tinte in dieses dicke Buch zu machen. Aber seine Reisen hätten ein ganz anderes Ziel, seine Eintragungen einen ganz anderen Zweck.

Er würde die Sterne beobachten und vermessen und berechnen und die Zahlen in ein großes Buch eintragen. Ja, das würde ihm Freude bereiten, das wäre aufregend. Er würde versuchen zu beweisen, ob die Sonne um die Erde oder die Erde um die Sonne kreist. Er würde das Weltall erforschen und den Menschen erklären, wie es wirklich aussieht. Ja, das würde ihn wirklich interessieren. Das könnte er sich wirklich gut vorstellen.

Er klappte das große Buch zu, schob es nach links, dahin, wo es immer lag. Jetzt freute er sich auf den Linseneintopf, er hatte Hunger. Und auf die leckeren Bratäpfel, die im Backofen so leise vor sich hin zischten und so süß und würzig dufteten. Und später würde er dann mit Balthasar nach oben in seine Kammer gehen und den dunklen Himmel mit den vielen Sternen betrachten. Ganz egal wie kalt es sein würde. Der Orion würde heute wieder herrlich klar zu sehen sein.

Und dann würde er schlafen, mit Balthasar auf seinen Beinen. So, wie es sich gehörte. Er würde noch etwas über diese Idee nachdenken, dass die Erde um die Sonne kreist. Unwillkürlich schüttelte er seinen Kopf. Wie sollte man das bloß überprüfen? Er würde demnächst Onkel Lucas fragen, ob er von dieser Idee schon einmal etwas gehört hätte.

»Nikolaus, das Essen ist fertig«, hörte er Agnes in der Diele rufen.

»Ich komme.«

Nikolaus pustete die Kerze aus, nahm Balthasar auf den Arm und öffnete die Türe.

Wie ging es weiter mit Nikolaus und Balthasar?

Im Gegensatz zu seiner Schulzeit, über die wir so gut wie nichts wissen, ist über Nikolaus Kopernikus' späteres Leben vieles bekannt.

Nach dem Ende seiner Schulzeit fing Nikolaus Kopernikus an zu studieren. Ganz im Süden des heutigen Polens, an der Universität in Krakau. Er war jetzt 18 Jahre alt. Und Amerika wartete noch immer darauf, dass sich Kolumbus auf den Weg nach Indien machen würde. Es war das Jahr 1491.

Der Mensch, der für Nikolaus jetzt am wichtigsten war und noch viele Jahre bleiben würde, war sein Onkel Lucas Watzenrode. Richtig, das war der, der Nikolaus diese lila Samtmütze geschenkt hatte, die er überhaupt nicht ausstehen konnte.

Lucas Watzenrode war Bischof von Ermland und ziemlich reich. Er war nämlich nicht nur kirchliches Oberhaupt, sondern auch weltlicher Herrscher über das Fürstbistum Ermland. Das Ermland liegt östlich von Danzig, am Frischen Haff.

Lucas Watzenrode tat zwei sehr wichtige Dinge für seinen Neffen. Er bezahlte sein Studium und nutzte seinen Einfluss als Bischof, damit Nikolaus als einer von insgesamt 16 Domherren gewählt wurde. Die Domherren lebten in Frauenburg und verwalteten das Ermland. Diesen kleinen Ort gibt es heute immer noch, er heißt jetzt Frombork und liegt immer noch am Frischen Haff, an der Ostsee.

Domherr zu sein war eine feine Sache. Als Domherr hatte man natürlich Pflichten zu erfüllen, aber man brauchte sich um Geld und seinen Lebensunterhalt keine Sorgen zu machen. Dem Domkapitel (das waren die 16 Domherren) gehörte nämlich ein Drittel des Ermlandes, und alle Bewohner des Ermlandes mussten außerdem Steuern an das Domkapitel zahlen. Im Alter von 22 Jahren war Nikolaus Domherr in Frauenburg und fuhr noch im selben Jahr nach Italien – mit der Erlaubnis der anderen Domherren –, um dort zu studieren.

An den Universitäten in Bologna, Padua und Ferrara studierte er Kirchenrecht, das war wichtig für einen Domherren. Ebenso Medizin und natürlich auch Astronomie. Das war seine große Leidenschaft. In Bologna war er Freund und Mitarbeiter eines sehr bekannten Astronomen. In Rom hielt er als Student seine erste öffentliche Vorlesung über ein astronomisches Thema.

1503 kehrte Nikolaus in das Ermland zurück und arbeitete für seinen Onkel als Assistent und als Arzt bis zu dessen Tode. Danach lebte und arbeitete er als Domherr in Frauenburg.

In seiner freien Zeit beobachtete er die Sterne, forschte, rechnete und hielt seine Ergebnisse mit schwarzer Tinte in großen Büchern fest. In seinem wichtigsten Werk, »De revolutionibus orbium coelestium« (»Von der Umdrehung der Himmelskörper«), hatte er als erster Mensch wirklich bewiesen, dass die Sonne still steht und sie der Mittelpunkt unseres Sonnensystems ist. Und dass die Erde und die anderen Planeten um die Sonne kreisen. (Wir nennen dies das »heliozentrische« Weltbild = »die

Sonne ist im Zentrum«.) Bruder Fredericus hatte es ja gewusst, dass Nikolaus es schaffen würde.

Wir wissen, dass Nikolaus' Ideen schon zu seinen Lebzeiten (er starb 1543) weit verbreitet waren, aber nicht von allen Menschen verstanden wurden. Viele kritisierten sie und lehnten sie als unsinnig ab. Das ist fast immer so, wenn man etwas sagt, was die Menschen nicht kennen oder nicht verstehen. Das machte Nikolaus aber nichts aus. Das kannte er ja schon aus seiner Schulzeit.

Nikolaus war also der erste Mensch, der beweisen konnte, dass das bis dahin gültige Weltbild, das »geozentrische« Weltbild (»die Erde ist im Zentrum«) des Ptolemäus (100 – 160 n. Chr.), falsch war. Wir sehen heute das Universum also praktisch mit Nikolaus' Augen. Mit einer kleinen Ausnahme. Nikolaus dachte, dass die Planeten die Sonne in kreisförmigen Bahnen umrunden. Das tun sie nicht, sondern in elliptischen. Das hat einige Jahrzehnte später Johannes Kepler herausgefunden.

Über Balthasar habe ich in den Geschichtsbüchern übrigens keine einzige Zeile gefunden. Aber ich denke mir, nein, ich bin mir ganz sicher, dass er bei Agnes geblieben ist, als Nikolaus Thorn verlassen hatte, um in Krakau zu studieren. Sie hat sich bestimmt liebevoll um ihn gekümmert.

Und später? In Frauenburg?

Für mich ist es ganz klar, dass Nikolaus immer eine Katze um sich hatte, die ihn auch nachts bei seinen Beobachtungen des Sternenhimmels begleitete. Sie war sicher mohrenschwarz, diese Katze, bis auf eine weiße Schwanzspitze vielleicht. Und ich vermute, dass sie Caspar oder Melchior hieß. Denn so erinnerte diese Katze

Nikolaus immer auch an Balthasar. An Balthasar, der Tag und Nacht bei ihm war, damals, als er in Thorn zur Schule ging und nachts den Mond und den Sternenhimmel durch die offene Dachluke beobachtete.

Ein Pfefferkuchenrezept

Seit dem 13. Jahrhundert ist Thorn berühmt für seinen Pfefferkuchen. Jeder, der schon einmal in Thorn gewesen ist, kennt den Thorner Pfefferkuchen und hat ihn probiert. Ich übrigens auch. Alle Einwohner Thorns oder Toruns haben ihn sicher schon selbst gebacken.

Viele Familien haben ihr eigenes Rezept für den Pfefferkuchen. Bei vielen Rezepten wird auch schwarzer Pfeffer verwendet, aber seinen Namen hat der Pfefferkuchen aus einem anderen Grund. Im Mittelalter bedeutete »Pfeffer« ganz allgemein »Gewürz«. Und so schmeckt der Pfefferkuchen auch: würzig und süß.

Nikolaus und die anderen Pfefferkuchenlehrlinge mussten schwören, dass sie das Rezept, das Agnes ihnen weitergegeben hatte, niemandem verraten würden. Deshalb darf ich das natürlich auch nicht. Aber ich habe ein anderes Rezept, das auch gut schmeckt. Ich habe es selbst ausprobiert. Und so wird dieser Pfefferkuchen gemacht:

Zutaten:

500g Honig
100g Butter
250g Zucker
750g Mehl
100g fein gehackte Mandeln
2 Msp Ingwer
2 Msp gemahlene Nelken
1 TL Zimt

1 TL Kardamon
2 TL Pottasche
½ TL Hirschhornsalz
1 Prise schwarzer Pfeffer

Zubereitung:

Honig, Butter und Zucker zusammen erhitzen, bis eine geschmeidige Masse entsteht. Jetzt die gehackten Mandeln, Ingwer, Nelken, Zimt, Pfeffer und Kardamon unterrühren. Dann in eine Schüssel geben und abkühlen lassen.

Pottasche und Hirschhornsalz getrennt in Wasser auflösen. 10 Minuten stehen lassen. Das Mehl in eine Schüssel geben und eine Mulde formen. Die aufgelöste Pottasche und das Hirschhornsalz sowie das Gemisch aus Honig, Butter und Zucker zum Mehl dazu geben. Kräftig durcharbeiten und zu einem Teig verkneten. Bis zum nächsten Tag kühl und trocken stehen lassen.

Arbeitsfläche mit Mehl bestäuben. Dann den Teig ausrollen, etwa ½ cm dick, mit Formen ausstechen und auf ein gut eingefettetes und mit Mehl bestäubtes Backblech legen. Bei 120°C etwa 12 Minuten backen. Fertig.

Guten Appetit!

Glossar

ambulantes (lat.) Pflegeheim	ein „umhergehendes", ein „bewegliches" Pflegeheim
Armada (lat.)	eine Flotte
Assisi:	
Franz von Assisi (1181 – 1226)	Gründer des Franziskanerordens, bekannt für seine Tierliebe
Berserker	ein tobsüchtiger Mensch, der wie besinnungslos um sich schlägt
Federkiel	Vogelfeder, meist von Gänsen, wurde seit dem 4. Jahrhundert n. Chr. als Schreibgerät benutzt.
Homer (ca. 700 v. Chr.)	Aussprache: mit einem langen „e", wie in dem Wort „Meer"
in medias res (lat.)	zur Sache kommen, mit einer Sache sofort beginnen
Ithaka	eine der Ionischen Inseln vor der Westküste Griechenlands
Johannes	Johannes der Täufer und Johannes der Evangelist
Kastellan	Hausmeister (an Schulen)
Kokolores	Unsinn, großer Blödsinn
Latrinen (lat.)	Toiletten
„Laudetur Jesus Christus"(lat.)	„Gelobt sei Jesus Christus"
Lukullus	ein Mensch, der gerne und viel isst und auf gute Speisen großen Wert legt
Magister (lat.)	Lehrmeister, ehrwürdiger Lehrer
Meter, Zentimeter, Kilometer; Kilo, etc	entsprechen nicht den damaligen Maßeinheiten

Mond: Entfernung: Erde – Mond, Erde – Sonne	Im antiken Griechenland und auch noch zu Zeiten Nikolaus Kopernikus' glaubten die Menschen, dass die Entfernung: Erde – Sonne 19-mal größer sei als die Entfernung: Erde – Mond. Heute wissen wir, dass diese Berechnungen falsch waren.
Mythologie, griechische	griechische Sagen
Novize	junger Mönch während der Probezeit
das Orakel von Delphi	Eine wichtige Kultstätte in Griechenland, nahe des Ortes Delphi. Dieser Ort galt lange als der Mittelpunkt der Erde. Dort wurden Weissagungen und Prophezeiungen gemacht.
Paris	Aussprache: nicht wie die Hauptstadt von Frankreich, sondern mit einem langen „a", wie in dem Wort „Wal"
Refektorium (lat.)	Speisesaal
Rhetorik (griech.)	Redekunst
Sparta	Das antike Sparta lag im Süden der Peloponnes (griechische Halbinsel) und war wegen seiner militärischen Stärke berühmt.
Stern von Bethlehem	Der Stern von Bethlehem und die Weisen aus dem Morgenland werden nicht im Lukasevangelium, sondern im Matthäusevangelium erwähnt.
Stupidus Maximus (lat.)	heißt ungefähr: größter Dummkopf
Toga	Obergewand eines freien römischen Bürgers im antiken Rom

Danksagung

Kein Buch entsteht ohne Einfluss von außen, zum Beispiel von Menschen, die anregen, zuhören, kritisieren oder Desinteresse zeigen. Auch Letzteres kann motivierend sein.

In diesem Fall war das wiederholte Lob von mehreren Personen entscheidend, die eine bestimmte Rede von mir gehört oder gelesen hatten. Es war eine Rede über Nikolaus Kopernikus als Schüler. Damals bekam ich zum ersten Mal die Idee, ein Buch über Nikolaus zu schreiben. Mein Dank gilt also zuallererst all denen, die bei dieser Initialzündung mitgewirkt haben. Ohne sie wäre dieses Buch vermutlich nicht entstanden.

Ich freue mich sehr, dass Peter Rosanowski erneut bereit war, als erfahrener Deutschlehrer das Manuskript mit spitzem Bleistift zu korrigieren. Ich danke meinen beiden Töchtern, Nele und Hanna. Ihre Anregungen und ihre Kritik haben den Inhalt des Buches in mehrfacher Hinsicht positiv verändert. Jens König war mir als professioneller Fotograf eine große Hilfe. Er hat das Cover erstellt und die Qualität meiner Fotos durch seine Bildbearbeitung deutlich verbessert. Ohne Manfred Hammerich hätte ich die Veröffentlichung dieses Buches nicht gewagt. Er hat das Manuskript mit den Augen eines Physiklehrers gelesen und dabei nicht nur meine naturwissenschaftlichen Schwächen aufgedeckt, sondern auch wichtige Verbesserungsvorschläge gemacht. Für die Erlaubnis, das Winterfoto von Torun mit den Eisschollen auf der Weichsel abdrucken zu dürfen, bin ich dem Fotografen Andrzej Skowronski (Quelle: »Mini-

Reiseführer Thorn«) wirklich dankbar. Es passt zu dem Inhalt dieses Buches weit besser als die Septemberimpressionen, die auf meinen eigenen Fotos zu sehen sind. Am dankbarsten bin ich meiner Frau Gerda. Sie war mir bei der Entstehung des Buches in jeder Hinsicht die allergrößte Hilfe.